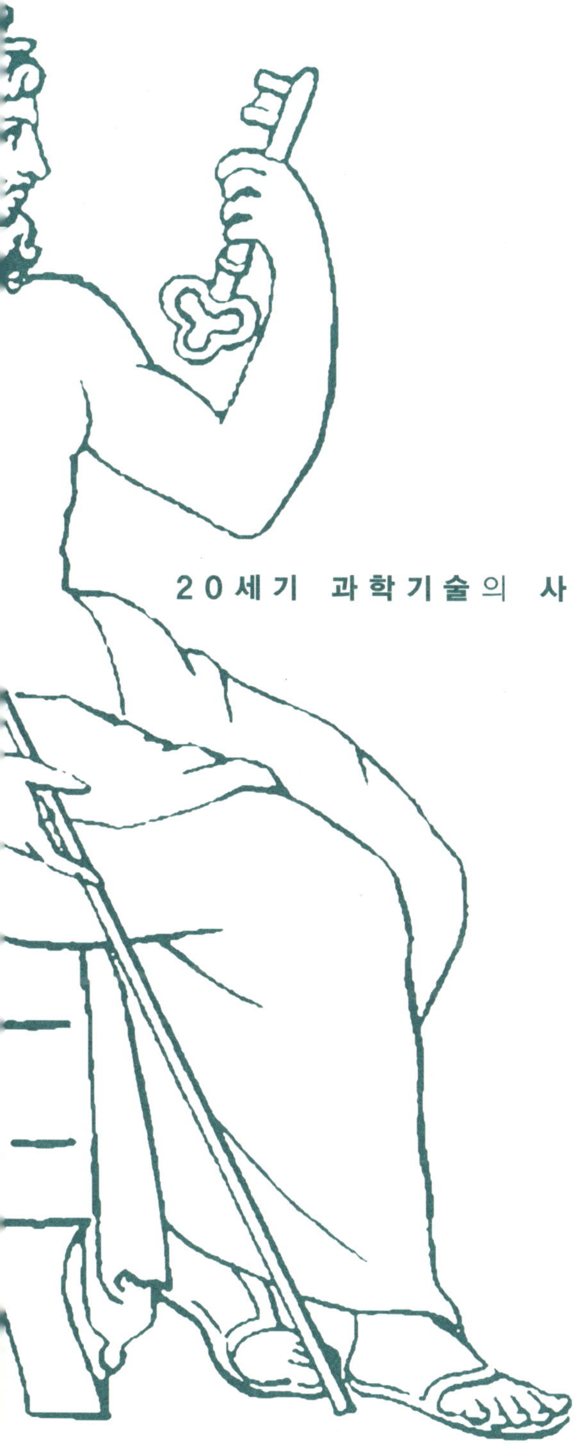

야누스의 과학

20세기 과학기술의 사회사

김명진 · 지음

사계절

서문

20세기 거대과학은 오늘날 우리에게 어떤 의미를 가지는가?

오늘날의 사회를 살아가는 대다수의 일반시민들에게 과학은 어떤 이미지로 다가갈까? 아마도 많은 사람들은 과학이란 세상사에 무관심한 채 실험실에 틀어박힌 과학자들이 자연 속에 '숨겨진' 심오한 진리를 추구하는 활동 정도로 이해하고 있을 것이다. 이와 같은 과학과 과학자의 이미지는 어린이나 청소년을 주로 대상으로 하는 과학자 '위인' 전기들에서 그려지는 과학자들의 천재적이고 비범한 면모 때문에 만들어지고 강화된 측면이 있다. 이런 이미지는 과학에 관해 많은 사람들이 갖고 있는 두 가지 관념으로 이어진다. 과학이 정치, 경제, 문화 등 사회의 다른 영역들과는 유리된 비세속적이며 초월적인 활동이라는 인식이 그중 하나이며, 바로 그렇기 때문에 과학은 사회로부터 '오염'되지 않은 확실하고 믿을 만한 지식을 제공한다는 생각이 다른 하나이다.

그러나 이러한 널리 퍼진 이미지와는 달리, 오늘날의 과학은 사회적 진공상태에 존재하는 것이 아니다. 과학이 오늘날과 같은 모습으로 급격하게 성장한 데는 20세기 이전에는 존재하지 않았던 국가(특히 군대)로부터의 막대한 재정적 지원이 결정적 역할을 했다. 또 과학이 발전하면서 생겨난 새로운 정치적·사회적·환경적 문제들은 그 원인과 해결 방안을 둘러싸고 치열한 논쟁을 촉발시켰는데, 과학은 그러한 논쟁 속에서 중요하면서도 복잡미묘한 역할을 수행해왔다. 이 책은 바로 이러한 과학과 사회의 관계에 초점을 맞추어 현대과학에서 중요한 의미를 지니는 몇몇 사건들에 관해 기술하고 있다.

원자폭탄 개발에서 디지털 컴퓨터의 발전, 전지구적 환경문제의 부상에서 생명공학 혁명에 이르는 다양한 에피소드를 다루면서 나는 크게 두 가지 점을 강조하고자 했다. 먼저 20세기의 과학 발전에서 두 차례에 걸친 세계대전과 냉전, 그리고 이를 계기로 본격화된 정부의 지원이 과학활동의 규모와 성격을 엄청나게 바꿔놓았음을 보여주려 애썼다. 제2차 세계대전 이후 정부, 특히 군대의 연구비 지원이 미친 영향은 우리가 상상하는 것보다 훨씬 더 깊숙이 여러 세부분야의 과학활동 속에 스며들어 있다. 이러한 경향은 1970년대 이후부터 기업의 지원으로 점차 대체되는 양상을 보이고 있는데, 이는 다시 이전 시기에 나타나지 않았던 새로운 문제들을 제기하고 있다.

둘째로 과학의 발전과 함께 나타나는 수많은 논쟁들의 존재에 주목했다. 이러한 논쟁들은 과학이론을 둘러싼 과학계 내부의 논쟁일 수도 있고, 과학이 미치는 사회적·환경적 영향을 둘러싼 사회 일반의 논쟁일 수도 있으며, 때로는 양쪽 모두일 수도 있다. 과학이 확실한 지식을 제공해준다는 흔한 선입견과는 달리 이런 논쟁들이 손쉽게 해결되는 경우는 좀처럼 찾아보기 어려우며, 특히 20세기 후반 들어 과학과 연관된 사회적 논쟁에 고도의 불확실성이 개입하면서 일견 간단해 보이는 문제에 대해서도 정답을 찾기가 점점 어려워지고 있다. 이는 오늘날 과학이 다양한 사회적·환경적 문제에 대해 '쉽고 빠른' 답을 제시해줄 수 없게 되었음을 말해주고 있다.

이 책을 쓰게 된 계기는 내가 서울시립대에서 '자연과학개론' 강의를 처음 맡았던 2001년 2학기로 거슬러 올라간다. 자연과학개론은 그 이전까지 과학사나 기술사 관련 교과목을 주로 맡았던 내게 다소 부담스럽고 생소한 과목이었다. 이 과목을 어떻게 강의해야 할지 나름의 상을 갖고 있지 못했기 때문에, 첫 학기에는 흔히 하는 것처럼 물리학, 화학, 생물학, 천문학, 지구과학 등 여러 과학분야에서 중요한 과학이론들을 추려 설명하는, 말 그대로의 '개론' 강의를 했다. 그런데 첫 학기를 마치고 나서, 강의를 한 나도 수업을 들은 학생들(대부분 문과 계열)도 썩 만족스럽지 못한 시간을 보냈음을 이내 알게 되었다. 학생들은 고등학교 과학 수업 시간으로 잠시 '타임슬립'을 한 것 같았다며 별로 재미가 없었다는 반응이 주를 이뤘고, 나 역시 왜 그런 과학이론들을 대부분 비전공자들로 구성된 학생들에게 가르쳐야 하는지 스스로도 정당화가 잘 되질 않았다. 그래서 다음 학기 강의부터는 과학이론도 어느 정도 강의하되 오늘날 과학과 사회의 관계를 들여다볼 수 있는 여러 에피소드를 다룸으로써 자연과학개론을 좀더 '재미있게' 만들어보려는 시도를 했고, 학생들로부터도 좋은 반응을 얻었다. 이러한 시도를 통해 과목 이름인 자연과학'개론'과는 어떤 의미에서 조금 멀어졌지만, 과학분야를 전공하지 않는 학생들이 과학에 대해 알아야 할 것으로 생각되는 내용과는 조금 더 가까워진, 그런 강의가 만들어지지 않았나 생각해본다.

  이 책은 서울시립대에서 내가 여러 학기 동안 시행착오를 거치며 틀을 잡았던 강의 내용에 뿌리를 두고 있다. 본문 가운데 4분의 3 정도는 2005년부터 2006년에 걸쳐 한 논술교재의 청탁을 받고 강의 내용을 정리해 연재했던 칼럼을 수정, 보완한 것이고 나머지는 이 책을 위해 새로 쓴 것들이다. 연원이 오래된 책이니만치 감사를 표하고 싶은 사람이 없을 수 없다. 우선 서울시립대, 한국기술교육대, 성공회대 등에서 내 강의를 듣고 적절한 피드백을 통해 내용을 향상시키는 데 도움을 준 수많은 학생들에게 고마움을 전하고 싶다. 그리고 올 초 웹진 『크로스로드』 청탁을 계기로 처음 만나 책의 출간을 권유해주고 또 사계절출판사를 소개해준 이권우 선생님, 또 게으른 내게 지속적 '채찍질'을 가해 원고를 지금과 같은 형태로 만들 수 있도록 도움을 준 사계절출판사의 인문팀에게도 감사를 드린다. 원고를 마무리지은 후에도 여러 모로 부족하고 아쉬운 점들이 있는데 이것은 이후 개정판 등을 통해 보완할 수 있기를 기약해본다.

2008년 10월
김명진

차례

서문 ——— 5

1. 현대과학의 특징 ——— 12
   20세기 거대과학의 탄생과 유산

2. 핵과학의 발전과 원자폭탄의 개발 ——— 28

3. 원자력발전의 기원과 성쇠 ——— 44
   핵에너지의 '평화적' 이용이 걸어온 길

4. 디지털 컴퓨터의 등장과 PC 혁명(1) ——— 56
   군사적 연구개발의 주도, 1943~1968

5. 디지털 컴퓨터의 등장과 PC 혁명(2) ——— 70
   새로운 컴퓨터 이용방식의 부상과 PC 혁명, 1969~1984

6. 인터넷의 등장과 네트워크 사회의 도래 ——— 84

7. 냉전이 잉태한 우주개발 경쟁 ——— 96

8. 합성살충제와 레이첼 카슨의 『침묵의 봄』 ——— 108

9. 오존층 파괴 논쟁, 전지구적 환경문제의 시작 ——— 122

10. 지구온난화의 길고 굴곡진 역사 ——— 134

11. 환경호르몬이 제기하는 새로운 위협 ——— 148
    '내분비 저해 가설'의 기원과 현재

12. 생명공학 혁명과 대중 논쟁 ——— 160

13. 망원경의 거대화와 천문학의 거대과학화 ——— 176

14. 판구조론 혁명과 냉전 시기의 지구과학 ——— 190

15. 세상의 반, 여성과학자의 좌절과 도전 ——— 206

16. 21세기의 과학기술 ——— 218
    과학의 상업화와 새로운 위험

참고문헌 ——— 232
사진 출처 목록 ——— 240
찾아보기 ——— 244

현대과학의 특징

20세기 거대과학의 탄생과 유산

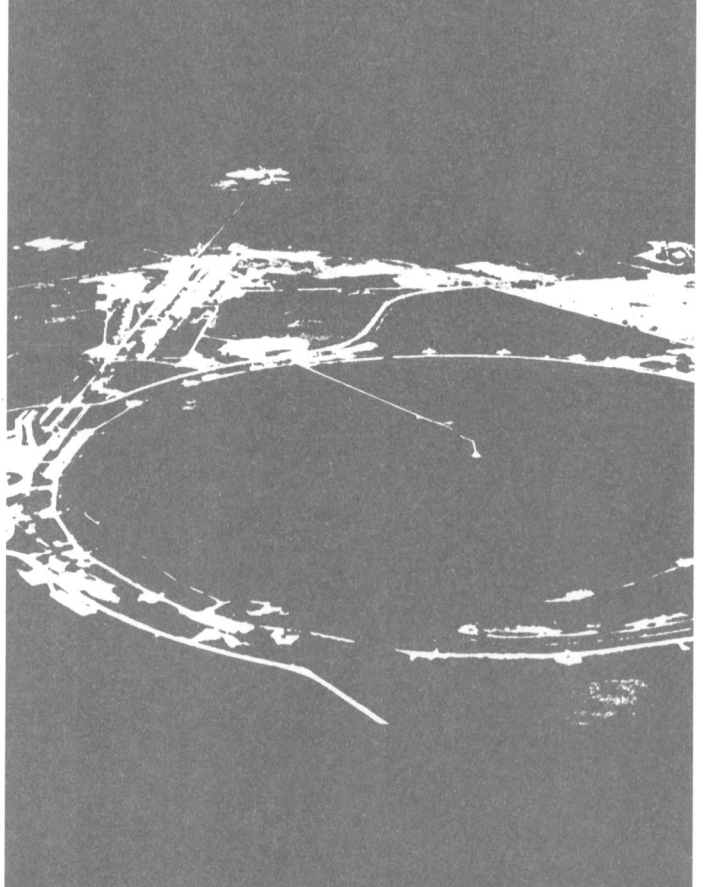

오늘날 우리는 과학기술의 중요성이 그 어느 때보다 높아진 세상에서 살고 있다. 과학은 우리 주위의 세계를 이해하는 '눈'으로, 또 삶의 질 향상이나 국가 경쟁력의 제고를 위해 필수적인 '도구'로 인식되고 있다. 그래서 우리는 국가와 기업이 많은 돈을 들여 과학 연구를 지원하는 것을 당연한 것으로 여기며, 과학자들이 사회적으로 높은 지위와 발언권을 갖는 것은 — 혹은 그렇지 못하다고 불평하는 것은 — 전혀 놀라운 일이 아니라고 생각한다. 또한 과학 연구의 결과가 기술 개발에 '응용'되어 실생활에 쓰이는 유용한 산물로 탈바꿈하는 것을 자연스럽게 받아들인다. 그렇게 고도로 발전한 과학기술은 일상 곳곳에 깊숙이 침투해, 긍정적인 쪽으로건 부정적인 쪽으로건 사람들에게 엄청난 영향을 미친다는 사실을 우리는 잘 알고 있다.

이러한 현실에 익숙해지다 보니 과학기술의 이러한 모습이 오래 전부터 그러했을 것이라고 생각하기 쉽다. 과학기술과 사회의 관계가 오늘날과 달랐던 세상이 과연 어떤 것일 수 있는지를 상상하기란 점점 어려운 일이 되어가고 있는 것이다. 그러나 오늘날과 같은 모습을 '자명한' 것으로 받아들여서는 안 된다. 사실 현재와 같은 과학과 사회의 관계가 형성된 것은 인류 역사를 통틀어 볼 때 아주 최근에 일어난 일이었다. 불과 100여 년 전만 하더라도 그 관계는 지금과 판이하게 달랐다.

그렇다면 우리가 살고 있는 현대사회에서 과학이 그 이전 시기와 달라진 특징들은 어떤 것들이 있으며, 그런 특징들은 어떤 역사적 과정을 거쳐 생겨나게 되었을까? 현대과학의 특징은 수없이 많이 꼽아볼 수 있겠지만, 여기서는 크게 과학활동의 양적 팽창과 연구단위의 규모 확대 및 거대과학화라는 두 가지 특징을 축으로 해서 설명해보려 한다.

과학활동의 양적 팽창

20세기 들어 과학활동이 양적으로 팽창했다는 사실은 얼른 들으면 전혀 새로울 것이 없는 얘기처럼 들릴지 모른다. 시간이 흐르면서 인구가 증가하면 인간 생활의 모든 측면이 양적으로 팽창하기 마련이고, 과학활동도 여기서 별반 예외가 아닐 거라는 상식적인 생각 때문이다. 그러나 20세기, 그중에서도 특히 1940년대 이후에 본격적으로 나타나기 시작한 과학활동의 팽창은 그러한 상식을 훨씬 뛰어넘는, 그야말로 상상을 초월하는 규모였다. 과학자의 수, 발표된 연구논문의 수, 학술지의 수, 세부 과학분야의 수, 대학·산업연구소·정부 연구소 등에서 제공되는 과학계 일자리의 수, 과학자들이 사용하는 연구비의 규모 등 우리가 과학활동과 연관지어 생각해볼 수 있는 거의 모든 정량적인 지표들이 20세기 중반 이후 불과 수십 년 동안 엄청나게 증가했고, 이런 경향은 현재에도 지속되고 있다.

▼ 1930년 봄 워싱턴 D.C.에서 열린 미국물리학회(APS) 총회에 참석한 전원. APS는 1899년에 창립되었으며, 1930년대 초까지 세계에서 가장 큰 물리학 관련 단체였다.

▶ 1970년대 APS총회에서 동시에 열리는 여러 세션들 중 하나의 모습. 물리학자의 수가 급증했음을 엿볼 수 있다.

가령 과학자의 수를 예로 들어보자. 1930년에 미국물리학회(American Physical Society)는 전세계적으로 규모가 가장 큰 물리학 관련 학회였는데도 연례 학술대회에 참석하는 과학자들의 수는 겨우 100여 명에 불과했다. 그러나 그로부터 40여 년이 지나자 물리학자들의 수는 엄청나게 증가해 1970년대의 미국물리학회 연례 학술대회에서는 참석한 모든 과학자들이 모이는 발표 자리를 만들기가 사실상 어려워졌다. 오늘날 대다수의 과학 관련 학회의 연례 학술대회는 세부 분야별로 여러 개의 세션들이 동시에 진행되는 식으로 운영되고 있으며, 그러한 세션들 각각에 수백 명의 과학자들이 참석하는 것은 흔히 볼 수 있는 일이 되었다.

연구논문의 수도 폭증했다. 이미 20세기 초가 되면 발표되는 연구논문의 수가 과학자 개개인이 도저히 따라잡을 수 없을 정도로 많아졌다는 위기의식이 팽배하기 시작하는데, 1939년 독일의 한 지질학 학술지에 실린 만평은 이를 잘 보여준다. 이런 현상은 20세기 중반을 지나면서 더욱 심화되었다. 1966년 미국의 한 공학 관련 학술지에 실린 만평은 쌓여만 가는 연구논문에 '깔려죽는'

것이 아니라 거의 '빠져죽을' 지경에 이른 과학자들의 위기의식을 단적으로 드러내고 있다. 학술지에 투고되는 논문의 수도 감당하지 못할 정도로 많아지면서 학술지 편집자들이 과연 논문의 질을 유지해낼 수 있을까 하는 의문이 줄곧 제기되었고, 일부 학술지들은 투고되는 논문들을 소화해내기 위해 기존의 학술지를 세부 분야별로 쪼개어 여러 개의 학술지를 발간하는 체제로 전환했다.

또한 20세기에는 과학자들이 학위를 마치고 얻을 수 있는 일자리의 수도 늘어났다. 즉, 대학의 교수직이나 각종 연구소의 연구원 자리 등이 크게 늘어나 과학자들이 과학 연구만 하면 생계를 유지할 수 있는 제도적 틀이 마련되었다는 말이다. 이러한 과학의 '제도화'는 과학분야로 유입되는 연구비의 규모가 20세기 중반 이후 엄청나게 증가했다는 사실과 무관하지 않은데, 이로 인해 과학자들은 1940년대를 경계로 해서 이전과 이후에 전혀 다른 종류의 삶을 살게 되었다. 일례로 1960년대에 미국교수협회의 회장을 지냈던 생물학자 벤틀리 글래스(Bentley Glass)의 회고에 따르면, 1940년의 평균적 생물학자인 대학의 조교수는 "연간 100달러가 안 되는…… 잡품 비용"을 빼고는 자신의 연구를 위해 사실상 아무런 지원도 받지 못했고 실험동물을 키우는 등의 잡일도 직접 해야만 했지만, 그로부터 불과 20년이 지난 후인 1960년의 생물학 교수는 연간 5만 달러의 연구비를 연방정부로부터 받으면서 여러 명의 고참 연구원과 조교, 고가의 실험장비들을 갖추고 연구를 해 나갈 수 있게 되었다.

이러한 모든 변화들은 우리가 오늘날 알고 있는 과학의 모습이 최근에 와서 아주 빠른 속도로 형성되었음을 짐작케 한다. 그렇다면 이런 변화가 20세기 중반쯤부터 급속도로 진행된 이유는 무엇

1939년 독일의 지질학 학술지에 실린 만평.

1966년 미국의 공학 관련 학술지에 실린 만평. 인구증가율은 연 3퍼센트인데 발표 논문 수의 증가율은 연 9퍼센트라는 설명이 의미심장하다.

물리학 분야의 대표적인 학술지 『피지컬 리뷰 Physical Review』의 부편집인 피터 애덤스가 1931년(오른쪽)과 1985년(왼쪽) 각각 1년 동안 나온 학술지를 앞에 두고 앉아 있다. 투고되는 연구논문의 수가 폭증하면서 1970년대에 이 학술지는 여러 개의 분과 학술지로 나누어졌다.

1. 현대과학의 특징   17

이었을까? 그 답은 20세기 들어 사회가 과학의 '유용성'을 깨닫게 되었다는 데서 찾을 수 있다. 과학의 '쓸모'를 알아차린 것은 기업이 먼저였다. 19세기 말부터 독일의 화학회사들이 산업연구소(industrial laboratory)를 설립하기 시작했고, 미국에서는 1900년에 설립된 제너럴 일렉트릭의 산업연구소를 필두로 기업체 부설 연구소들의 설립이 줄을 이었다. 독일의 대학에서 박사학위를 받은 과학자들을 다수 고용한 이러한 연구소들은 과학 연구가 새로운 기술의 개발과 상품 생산이라는 목표를 위해서도 유용할 수 있음을 보여주었다. 이후 설립된 AT&T의 벨 연구소, 듀퐁 연구소, IBM 연구소, 제록스의 팰러앨토 연구소 등 대표적인 산업연구소들은 기초과학 연구에 상당한 시간을 투자하면서 나일론, 트랜지스터 등 20세기를 바꿔놓은 획기적인 발명품들을 처음 만들어낸 곳으로 이름을 날렸고, 여기서 일하던 많은 과학자들은 노벨상을 수상하기도 했다.

그러나 정치인들과 일반대중이 과학의 유용성을 인식하게 된 결정적 계기는 전쟁이었다. 특히 20세기에 치러진 두 차례의 세계대전을 통해 일반대중은 과학이 특정 목표를 향해 조직될 때 갖게 되는 힘을 생생하게 체험했다. 먼저 제1차 세계대전은 전쟁에 대한 과학기술의 기여가 전면에 등장한 최초의 전쟁이었다. 독일에서는 화학자 프리츠 하버(Fritz Haber)를 중심으로 다양한 화학 연구를 통해 전쟁 업무를 지원했다. 하버는 대기 중의 질소를 고정해 암모니아를 합성하는 공정을 실용화시킴으로써 비료에서 폭약에 이르는 다양한 질소 화합물의 생산을 가능하게 했고, 참호전 양상을 띠고 있던 서부전선의 교착상태를 뚫기 위해 독가스를 개발하기도 했다. 뒤늦게 참전하게 된 미국에서도 천체물리학자인 조지 헤일(George Hale)의 주도로 미국국립과학원(National Academy of Sciences) 산하에 국가연구위원회(National Research Council)가 설치되어 잠수함 탐지기 등 다양한 군사 연구를 수행했다.

제2차 세계대전은 전쟁과 기술발전의 상호작용을 전적으로 새로운 단계로 끌어올렸고 과학 연구의 실행방식을 완전히 바꿔놓았다. 제2차 세계대전에서 과학기술은 이제 전쟁의 성패 그 자체를 좌지우지하는 결정적인 요소로 부각되었다. 교전 각국은 전쟁 초기부터 과학 및 공학 전문가들을 동원하고 막대한 자금을 투입해 기존 무기의 개량과 신무기 개발에 나섰다. 일례로 미국은 레이더 연구와 원자폭탄 개발에만 각각 20억 달러 이상을 쏟아부었고, 1940년에 국방연구위원회(National Defense Research Committee)를, 이어 1941년에는 권한이 더욱 강화된 과학연구개발국(Office of Scientific Research and Development)을 설치해 전쟁 연구를 체계적으로 수행했다. 원자폭탄은 물론이고 로켓, 페니실린, DDT, 디지털 컴퓨터 등 제2차 세계대전 때 개발되거나 널리 쓰이기 시작한 기술적 산물들은 제2차 세계대전의 양상뿐 아니라 전후 세계의 모습에도 막대한 영향을 미쳤다.

제1차 세계대전이 끝난 후에는 정부와 과학자들의 관계가 전쟁 이전으로 되돌아갔지만, 제2차 세계대전 후에는 그렇지 않았다. 전쟁 시기와 같은 체계적인 연구 지원의 필요성이 사라졌음에도 불구하고, 각국의 정부들은 과학에 대한 대규모 지원을 계속했다. 이런 변화가 일어난 배경에는 냉전으로 인해 전쟁 후에도 군사적 연구개발의 필요성이 부각된 탓도 있었지만, 전쟁에 대한 놀라운 기여에 힘입어 정책 결정 과정에서 과학자들의 영향력이 강해졌고 냉전 초기에 과학기술 발전에 대한 낙관이 사회 전반을 풍미했다는 점도 크게 작용했다.

　미국에서는 해군연구국(ONR), 국방부, 에너지부, 국립과학재단(NSF), 국립보건원(NIH), 항공우주국(NASA) 등을 통해 많은 연방정부 자금이 과학 연구에 지원되었고, 1960년대 초에는 미국 전체 연구개발비의 3분의 2가 연방정부에서 나올 정도로 엄청난 지원 규모를 자랑했다. 제2차 세계대전부터 1960년대에 이르기까지 과학활동이 비약적으로 팽창한 데는 이런 배경이 자리잡고 있었던 것이다.

연구단위의 규모 확대와 거대과학화

과학의 양적 팽창은 과학활동이 수행되는 방식도 크게 바꿔놓았다. 우선 연구단위의 규모가 과거보다 커졌다. 20세기 초에는 과학 연구의 단위가 개인이거나 몇 명의 협력적인 개인들로 구성된 소집단이었다면, 제2차 세계대전 이후에는 연구단위의 규모가 평균적으로 커지면서 노동 분업이 생겨나고 위계화되는 경향이 강해졌다. 또한 20세기 중반 이후에는 실험기구가 대형화하고 기기에 대한 의존성이 크게 높아졌다. 이는 오늘날 흔히 찾아볼 수 있는 대학 실험실을 생각해보면 금방 알 수 있다. 대학의 실험실은 보통 주임교수, 박사 후 연구원(post-doc) 등 박사급 연구원, 박사과정 학생, 석사과정 학생, 실험 테크니션 등 10여 명으로 구성되는 것이 보통인데, 하나의 연구 프로젝트를 공동으로 수행할 때 이들의 관계는 다분히 수직적·위계적이며 그 속에서 수행하는 역할도 위계의 사다리에 따라 결정되는 경우가 많다. 또한 이런

▶ 인간게놈프로젝트의 해독 결과 초안을 담은 『네이처』 2001년 2월 15일자 논문의 저자 목록. 수십 개 연구기관에 속한 수백 명의 과학자들이 논문의 '저자'로 참여했다.

실험실들에는 한 대에 수천만 원에서 수억 원을 호가하는 실험기구나 설비들이 갖추어져 있는 것을 흔히 볼 수 있는데, 이는 20세기 초만 해도 상당수의 과학자들이 자신의 실험장치를 직접 만들어 썼던 것과 크게 대조를 이룬다.

이와 같은 경향들은 제2차 세계대전 이후 나타난 과학활동의 새로운 경향인 거대과학(Big Science)에서 정점에 도달했다. 거대과학이란 대형기기를 중심으로 수백에서 수천 명의 전문 연구자들과 엔지니어, 테크니션 들이 힘을 합쳐 하나의 연구 프로젝트를 수행하는 과학활동을 가리키는데, 입자가속기를 이용하는 고에너지물리학 연구, 허블 우주망원경에서 정점을 이룬 대형 망원경의 건조, 유인 달 착륙을 위해 정력적으로 추진되었던 아폴로 계획, 사람의 DNA에 속한 모든 염기서열을 밝혀내기 위한 인간게놈프로젝트 등이 대표적인 사례이다. 거대과학에서는 연구단위의 대형화·위계화가 극단적으로 진행되어 위계의 사다리가 길게 늘어서게 되며, 노동 분업에서 하급 연구자들의 경우에는 매우 세분화된 단순 반복 작업만이 부과되어 연구자의 소외현상이 나타나는 부작용을 낳기도 한다. 또한 거대과학에서는 실험장치에 대한 의존성이 극단적으로 커져 이제 대형기기의 존재 여부가 특정 과학 분야의 성패를 좌우하는 수준에 이르렀다.

입자가속기를 이용한 고에너지물리학 연구를 예로 들어 거대과학의 이러한 여러 경향을 좀더 자세히 살펴보도록 하자. 입자가속기란 강력한 자기장을 이용해 양성자나 전자 같은 아원자입자를 빛의 속도에 가깝게 가속시켜 목표물에 충돌시키는 장치를 말한다. 이때 아원자입자끼리 부딪쳐 깨어지면서 나오는 반응 생성물을 조사함으로써 물질을 구성하는 근본 입자를 탐구하고, 더 나아가 하나의 수학적 틀로 네 가지 기본적 힘들을 통합하는 이른바 '모든 것의 이론(theory of everything)'을 수립하는 것이 고에너지물리학 연구자들이 궁극적으로 품고 있는 목표이다.

그런데 이러한 목표를 달성하기 위해서는 매우 높은 에너지를 얻어낼 수 있는 입자가속기가 필요하며, 이 때문에 입자가속기의 규모는 점점 더 커져왔다. 1930년에 미국의 물리학자 어니스트 로

▶ 페르미국립가속기연구소에 있는 입자가속기의 일종인 양성자 싱크로트론. 일명 '테바트론'으로 불린다. 둘레가 6.3킬로미터에 달한다.

▶ 스탠퍼드선형가속기센터에 있는 길이 3.2킬로미터의 선형 입자가속기. 이곳은 1970년을 전후해 국제적인 입자물리학의 중심지였다.

런스(Ernest Lawrence)가 처음 만든 사이클로트론(Cyclotron)은 지름이 10센티미터에 불과했으나 제2차 세계대전 직전에는 지름이 150센티미터인 대형 사이클로트론이 등장했고, 제2차 세계대전 후에는 지름이 수백 미터를 넘는 입자가속기들이 속속 만들어졌다. 1960년대 말에 미국 일리노이 주 페르미국립가속기연구소에 만들어진 '테바트론(Tevatron)'은 둘레가 6.3킬로미터에 달하며 6만 킬로와트의 전력을 소모하고 2750헥타르의 면적에 2000여 명의 연구자들을 수용할 수 있는 엄청난 규모를 자랑한다. 비슷한 시기에 스탠퍼드 대학교에 만들어진 선형 입자가속기 역시 직선 선로의 길이가 3.2킬로미터나 되는 거대한 장치이다. 이러한 장치들을 제작하는 데는 수억 달러에 이르는 막대한 돈이 들어갔기 때문에 자금 조달을 위해서는 의회의 승인을 거쳐 연방정부의 지원을 받는 것이 절대적으로 필요했고, 이를 위해 과학자들이 일반대

◀ Ω-입자를 발견한 80인치 액체수소 거품상자. 거품상자 주위를 400톤 무게의 전자석의 구리 코일과 철심이 둘러싸고 있다. 입자들의 충돌은 좌측 계단 위의 구멍을 통해 촬영한다. 이 기계의 완성에는 250명의 전문인력이 1년 동안 일한 것과 동일한 노력이 투입됐고 600만 달러가 소요되었다.

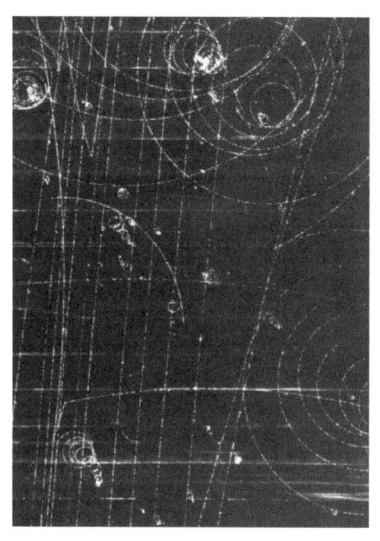

▶ K^- 중간자와 양성자의 충돌에서 Ω^- 입자가 생성됨을 보여주는 거품상자 사진. 1964년에 브룩헤이븐국립연구소에서 촬영되었다. 오늘날의 입자가속기 실험에서는 이런 사진에 10억 개 이상의 잠재적 '신호'들이 기록되는 것이 보통이다.

중과 국회의원들을 대상으로 프로젝트의 필요성을 설득하고 나서면서 과학은 정치화되는 양상을 보였다.

입자가속기를 이용한 연구에서는 반응을 '관찰'하는 것도 큰 문제이다. 충돌시에 나타나는 아원자 수준의 반응 생성물은 크기가 너무나 작고 수명이 짧기 때문에 이를 직접 '볼' 수는 없고, 거품상자(bubble chamber)라고 불리는 검출장치를 별도로 필요로 한다. 거품상자 역시 제작을 위해서는 수 년의 시간과 수백만 달러의 제작비가 소요되는 값비싼 장치이다. 입자가속기 실험이 끝난 후 물리학자들은 이런 장치에 기록된 입자의 '흔적'들을 수 년간에 걸쳐 분석함으로써 특정 입자를 '발견'했는지 여부를 알아내게 되는데, 이 과정은 때로 수억 개에 달하는 잠재적 '신호'들을 컴퓨터와 수작업을 통해 분류하고 분석하는 매우 지루한 작업을 끈기 있게 해나가야 비로소 종결될 수 있다.

과거보다 더 큰 입자가속기의 존재 여부가 고에너지물리학이라는 분야 그 자체의 성패를 궁극적으로 판가름하는 요인이 되면서, 1980년대에 물리학자들은 기존의 테바트론을 훨씬 뛰어넘는 규모를 가진 초대형 입자가속기를 새로 건설하려는 계획을 세웠다. 초전도 슈퍼콜라이더(superconducting supercollider, SSC)라는 이름이 붙은 이 새로운 가속기는 완성될 경우 둘레가 85킬로미터에 달하고 건설비는 53억 달러가 들 것으로 예상되었다. 물리학자들은 이 가속기가 완성되면 빅뱅 직후의 초기 원시우주의 상태를 재현해 궁극의 물리적 실재('신의 입자')를 알 수 있게 될 것이며, 그럼으로써 '신의 목소리'를 들을 수 있게 될 것이라는 식의 종교적 은유를 동원해가며 프로젝트의 정당성을 홍보하는 캠페인에 나섰다. SSC는 1984년에 처음 건설이 제안된 후 1990년에 미국 의회의 승인을 얻어 공사가 시작되었으나 처음 몇 년 동안 예상 건설비가 눈덩이처럼 불어나 110억 달러를 넘어설 것으로 예상되면서 1993년 의회의 결정에 따라 차기 연도의 예산이 전액 삭감됨으로써 프로젝트가 백지화되었다. SSC가 실패한 이유는 냉전의 종식과 함께 규모와 체제 경쟁에 집착하는 종래의 사고방식이 종말을 고했고, 이에 따라 별다른 실용성을 찾아볼 수 없는 거대과학 프로젝트에 대한 대중의 인식이 달라졌기 때문으로 풀이된다.

이러한 입자가속기와 고에너지물리학의 사례는 대형기기에 의존하는 거대과학의 양상과 그에 내재된 문제점들 — 특정 과학 연구에 소요되는 엄청난 비용, 연구 규모의 대형화와 연구자의 소외, 기기에 대한 절대적 의존도 증대, 과학의 정치화와 그 한계 — 을 일목요연하게 잘 보여주고 있다.

현대과학, 그 발자취와 명암

오늘날 우리가 당연한 것으로 여기고 있는 현대과학의 여러 특징들은 사실 그 기원을 추적해 올라가면 상당히 최근에 들어서야 비로소 나타난 현상이다. 국가가 국민의 세금을 들여 대대적으로 과학 연구를 지원해야 한다거나 과학의 발전이 유용한 사회적 결과를 가져올 것이고 더 나아가 국가경쟁력의 기반을 이룬다는 식의 사고방식은 불과 100년 전만 해도 찾아보기 힘든 것이었다.

과학자들 역시 과학활동의 방식에서 현저한 변화를 겪었다. 과학자의 수가 급격히 늘면서 과학자들은 전례없는 규모로 확장된 과학자 공동체를 경험하게 되었고, 연구집단의 규모가 커지면서 대부분의 과학분야에서 체계적인 협동작업이 없는 과학활동이란 상상하기 힘들어졌다. 심지어 분업화, 위계화의 경향이 강한 일부 분야에서는 과학자들이 거대 연구의 부속품과 같은 존재로 전락하면서 소외현상을 느끼는 일까지 생겼는데, 이는 인류의 가장 창의적인 활동 중 하나이자 천재들의 일거리로 흔히 생각되어온 과학영역에서 과거에는 상상도 할 수 없었던 일이다.

이처럼 과학을 둘러싼 상황이 급격하게 변화를 겪게 된 것은 두 차례에 걸친 세계대전, 그리고 뒤이은 냉전이 과학의 유용성을 보여주고 또 과학의 능력에 대한 낙관적 태도를 심어주었기 때문이었다. 이와 같은 현대과학의 유산은 이 책에서 다루게 될 여러 에피소드는 물론이고 우리가 오늘날 경험하는 과학의 모습 속에도 면면히 녹아 흐르고 있다.

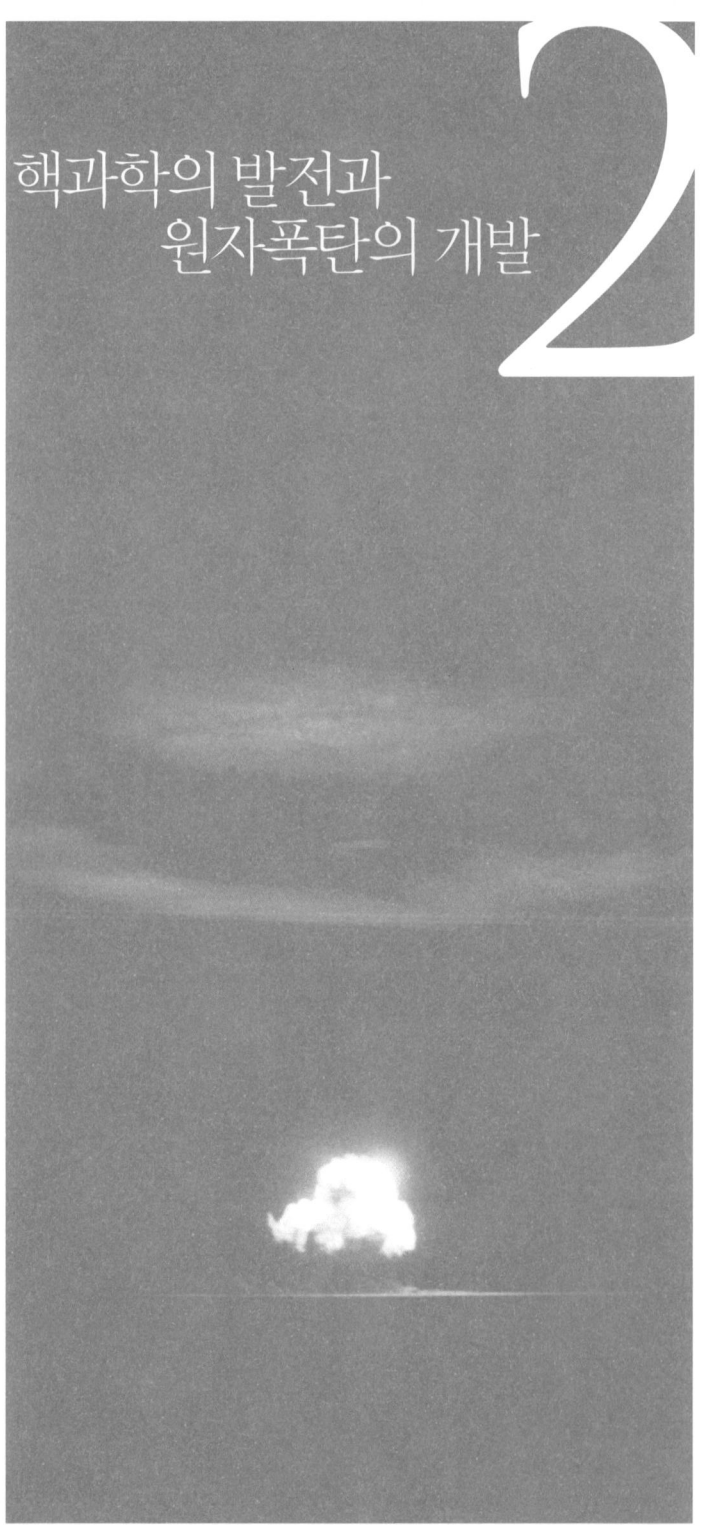

2 핵과학의 발전과 원자폭탄의 개발

19세기까지만 해도 과학은 소수의 과학자들이 개인적인 흥미와 호기심을 채우기 위해 행하는, 다수 대중과는 별반 상관없는 활동이었다. 과학과 기술 사이의 연관은 아직 미약했고, 과학활동은 사회에 썩 유용하지도 않지만 그렇다고 해서 심대한 해악을 끼치는 것도 아니었기 때문에 사회적으로 용인받았다. 과학에 대한 사회 일반으로부터의 지원은 거의 없었고, 과학자들은 자신의 주머니를 털어서, 혹은 개인 후원자(patron)의 도움에 의지해 연구에 들어가는 비용을 충당했다.

20세기로 접어들면서 상황은 크게 바뀌었다. 정치인을 비롯한 일반대중은 과학이 지닌 '힘'과 '쓸모'를 발견했다. 과학의 산물은 사회 일반에 직접적인 영향을 미치기 시작했고, 과학자들은 놀랍고 신기한 힘을 지닌 존재로 존경을 받거나 두려움의 대상이 되었다.

세계 최초로 원자폭탄을 개발한 미국의 맨해튼 계획은 여러 가지 측면에서 과학사에 중요한 한 획을 그은 사건이었다. 이는 이전까지의 과학 실천에서 벗어나 원자폭탄 제조라는 단 하나의 목표를 향해 수천 명의 과학자들이 체계적으로 협동연구를 수행하는 전례를 만들어 전후의 거대과학 연구가 모방할 수 있는 모델을 제공했고, 과학이 가진 힘을 극적으로 보여주어 대중의 과학 인식에 중대한 영향을 끼쳤다. 또한 이 사건은 '과학자의 사회적 책임'이라는 의제를 과학자 공동체에 본격적으로 제기한 계기가 되었고, 이로부터 과학자들의 평화운동과 사회운동 움직임이 자라났다. 맨해튼 계획은 제2차 세계대전 중에 시작되었지만, 그것의 단초가 되는 과학적 성과들은 이미 20세기 초에 나타났다.

특수상대성이론과 핵과학의 등장

흔히 '기적의 해'라고 불리곤 하는 1905년에 스위스 베른 특허국 직원이던 26세의 알베르트 아인슈타인(Albert Einstein)은 특수상대성이론이라고 불리게 될 획기적인 이론틀을 발표했다. 아인슈타인이 상대성이론을 구상하게 된 배경에는 이전까지의 물리이론이 지닌 내적 모순을 해결하려는 의도가 깔려 있었다. 그는 등속도로 움직이는 관찰자에 대해 물리법칙이 일정하게 유지되는 이른바 '갈릴레오 상대성'이 모든 물리현상에 적용되어야 한다고 생각했다. 그러나 19세기 말에 영국의 제임스 맥스웰(James Maxwell)이 집대성한 전자기현상에 대한 설명은 갈릴레오 상대성과 부합하지 않았다. 아인슈타인은 이 문제를 해결하기 위해 수 년간 노력했고, 결국 시간이 관찰자에 따라 상대적인 것이라는 관념을 받아들이면 모순이 사라진다는 결정적인 인식 전환을 해냈다. 이에 따라 시간, 질량, 길이와 같이 뉴튼 물리학에서 절대적인 것으로 간주되던 물리량들은 관찰자에 따라 상대적인 물리량으로 새롭게 이해되었고, 이러한 관계를 수학적으로 표현한 '로렌츠 변환식'을 적용하면 종전의 물리이론이 지닌 모순을 해결할 수 있었다.

아인슈타인은 자신의 발견을 1905년 6월에 「움직이는 물체의 전기동역학에 관하여」라는 제목의 논문으로 발표했다. 그런데 이 논문에서 미진한 부분을 뒤늦게 알게 된 그는 같은 해 9월에 원 논문에 대한 보충 논문을 발표하게 되는데, 이 논문에서 $E=mc^2$이라는 역사상 가장 유명한 공식이 등장한다. 이는 곧 질량과 에너지는 등가이고 서로 변환될 수 있으며, 이 둘 사이의 관계는 빛의 속

▶ 구름상자로 포착한 러더퍼드의 인공 원소변환 실험. 알파 입자의 흐름이 질소 원자와 충돌해 산소 원자와 양성자로 갈라지는 것이 보인다.

도의 제곱이라는 무지무지하게 큰 숫자에 의해 매개된다는 내용을 담고 있다. 바꿔 말해 질량은 에너지를 엄청나게 '압축'한 물리량으로서 아주 작은 질량을 가진 물체도 이를 변환하면 대단히 큰 에너지를 방출할 수 있다는 것이다. 그러나 당시까지만 해도 질량과 에너지가 서로 변환되는 물리과정에 대해 과학자들은 전혀 아는 바가 없었으므로 아인슈타인의 기념비적인 공식은 순전히 이론적인 영역에 남아 있었다.

한편 거의 같은 시기에 프랑스와 영국의 과학자들은 원자의 구조와 물리적 상태를 규명하려 하는 핵과학 연구에 몰두하고 있었다. 특히 영국의 어니스트 러더퍼드(Ernest Rutherford)는 이 분야에서 독보적인 업적을 이뤄냈다. 그는 1898년에 토륨에서 나오는 방사선이 한 종류가 아니라 여럿이라는 사실을 알고 여기에 알파(α)·베타(β)·감마(γ)선 등의 이름을 붙여준 최초의 과학자였고, 1902년에는 방사선을 내뿜는 원소(토륨)가 일정 시간이 지나면 새로운 원소(나중에 토륨의 동위원소로 밝혀졌다)로 바뀌는 원소변환(transmutation) 현상을 발견했다. 더 나아가 그는 1919년에 질소 원자핵에 알파 입자(헬륨 원자핵, He^{2+})를 충돌시켜 산소 원자를 만드는 인공 원소변환 실험에 성공했다. 이처럼 어떤 원소로부터 다른 새로운 원소를 만들어낸 그의 실험은 금이 아닌 금속으로부터 금을 만들어내려 했던 고대 이래의 꿈이 마침내 실현되었다는 의미에서 '현대판 연금술'이라는 별칭을 얻기도 했다.

그러나 알파 입자를 이용한 원소변환 실험은 알파 입자와 포격 대상이 되는 원자핵이 모두 양(+)전기를 띠고 있어 전기적 반발력 때문에 충돌시키기가 매우 어려운 한계가 있었다. 1932년 러더퍼드의 제자였던 제임스 채드윅(James Chadwick)은 그때까지 알려져 있던 양성자, 전자 외에 제3의 아원자입자인 중성자를 발견해 이 문제에 대한 해결의 단초를 제시했다. 중성자는 전기적으로 중성이었으므로 원자핵에 충돌시켜 원소변환을 일으키기에 이상적인 성질을 갖고 있었기 때문이다. 이탈리아의 과학자 엔리코 페르미(Enrico Fermi)* 는 1934년부터 로마에서 주기율표의 거의 모든 원소들에 대해 중성자를 이용한 원자핵 포격 실험을 체계적으로 수행했다.

핵분열현상과 연쇄반응의 발견

페르미의 중성자 포격 실험은 파리의 이렌 졸리오퀴리 연구팀과 베를린의 오토 한-리제 마이트너 연구팀의 관심을 끌었다. 이들은 특히 원자번호 92로 당시까지 주기율표에서 가장 무거운 원소였던 우라늄에 주목했다. 페르미는 우라늄을 중성자로 포격하면 원자번호 93인 새로운 초(超)우라늄 원소가 생성된다는 결론을 내

엔리코 페르미(1901~1954)
이탈리아 출신의 물리학자로 이론과 실험에 모두 능통했던 20세기 가장 위대한 물리학자 중 한 사람으로 손꼽힌다. '중성자 포격을 통해 새로운 방사성 원소의 존재를 실증'한 공로를 인정받아 1938년 노벨 물리학상을 수상한 후 미국으로 이주했다. 1942년 12월 세계 최초의 제어 핵연쇄반응(원자로)을 성공시켰고, 이어 로스앨러모스로 이주해 맨해튼 계획에도 참여했다. 53세의 젊은 나이에 위암으로 사망했다.

린 바 있었다. 그러나 1938년에 이렌 졸리오퀴리(Iréne Joliot-Curie)는 우라늄의 중성자 포격에서 우라늄보다 훨씬 가벼운 란탄(원자번호 57)계 원소가 생기는 것으로 보인다는 연구결과를 내놓았다. 이 사실에 주목한 베를린의 오토 한(Otto Hahn)과 프리츠 슈트라스만(Fritz Strassmann)은 1938년 12월에 우라늄을 중성자로 포격한 후 나오는 반응 생성물에 대해 정밀한 화학 분석을 해보았다. 그 결과 그들은 우라늄의 중성자 포격에서 원자번호 56인 바륨이 생성된다는 믿을 수 없는 결과를 얻었다.

 이는 일견 말도 안 되는 것처럼 보였다. 200개가 넘는 양성자와 중성자가 모여 만든 우라늄의 거대한 원자핵이 중성자 한 개에 의해 거의 반으로 쪼개진다는 것은 마치 유리창을 뚫고 들어온 야구공이 집을 반으로 쩍 갈라놓는 것만큼이나 일어날 법하지 않은 일로 생각되었기 때문이다. 한은 이 사실을 당시 나치스의 유대인 박해를 피해 스웨덴으로 망명해 있던 동료 리제 마이트너(Lise Meitner)에게 알리고 이론적인 설명을 요청했다. 마이트너는 조카인 오토 프리슈(Otto Frisch)와 함께 이 문제를 곰곰이 생각해본 후, 우라늄 원자핵이 중성자 포격을 받고 바륨과 크립톤으로 쪼개지며 이때 생기는 질량 결손(양자 질량의 5분의 1 정도)은 200MeV(2억 전자볼트)에 해당하는 막대한 에너지로 방출된다는 결론을 얻어냈다($U_{92} + n \rightarrow Ba_{56} + Kr_{36} + E$). 알기 쉽게 비유하자면 우라늄 원자핵 하나가 깨질 때 나오는 에너지가 눈에 보이는 모래알 하나를 폴짝 뛰어오르게 하는 데 충분할 정도의 크기였다(참고로 우라늄 1그램에는 대략 2.5×10^{21}개의 원자핵이 있다).

 이 발견은 곧 독일과 영국의 전문 학술지에 실렸고, 당시까지만 해도 그리 규모가 크지 않았던 물리학 공동체 내에서 순식간에 퍼

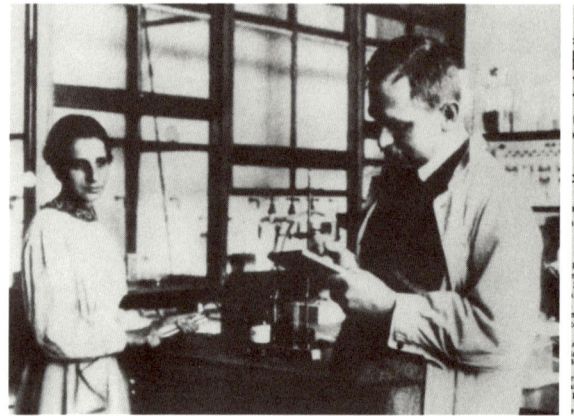
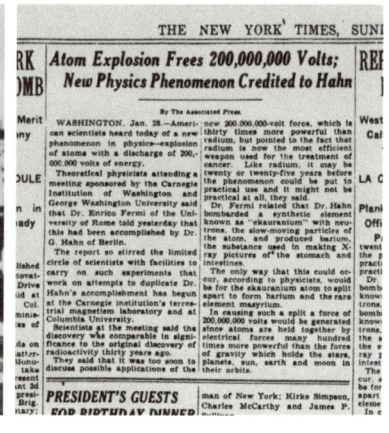

▲ 우라늄 핵분열현상을 발견해 낸 마이트너와 한(왼쪽). 당시 이 사실을 보도한 『뉴욕 타임스』 기사(오른쪽).

져나갔다. 소식을 들은 사람들은 이내 그것이 지닌 엄청난 의미를 알아차렸다. 마침내 33년 전 아인슈타인이 예견했던, 물질 속에 압축된 엄청난 에너지를 방출시킬 수 있는 물리반응 ― 핵분열(nuclear fission)* ― 이 발견된 것이었다. 하지만 이러한 가능성이 현실화되기 위해서는 또하나의 가정이 필요했다. 만약 중성자 하나가 우라늄 원자핵 하나를 분열시키고 만다면, 많은 수의 원자핵을 분열시키기 위해서는 매우 많은 수의 중성자가 필요하게 될 것이다. 그러나 만약 핵분열반응 자체에서 2개 이상의 여분의 중성자('2차 중성자')가 나온다면 이들이 인근의 우라늄 원자핵 2개를 분열시키고 거기서 다시 4개의 여분의 중성자가 나오…… 하는 과정을 반복해 추가적인 중성자 투입 없이도 반응은 기하급수적으로 커지며 지속될 것이다. 이에 따라 물리학자들의 관심은 2차 중성자의 존재 여부에 쏠렸고, 1939년 3월에 프레데릭 졸리오퀴리(Frédéric Joliot-Curie)와 레오 실라드(Leo Szilard)가 각기 독립적으로 2차 중성자의 생성 사실을 밝혀냄으로써 이제 연쇄반응(chain reaction)의 가능성 여부는 의심할 수 없는 것이 되었다. 물

핵분열

원자의 핵이 좀더 작은 원자핵들로 쪼개지는 물리현상을 말하며 종종 여분의 중성자가 함께 방출된다. 우라늄, 플루토늄, 토륨과 같이 무거운 원자핵이 쪼개질 때는 질량 결손이 일어나면서 많은 양의 에너지가 방출되는데, 핵발전소나 핵무기는 이런 반응을 이용한다.

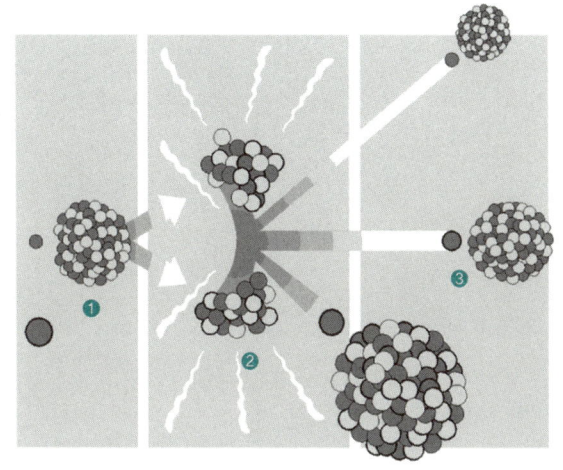

▶ 우라늄 연쇄 핵분열. ❶ 중성자가 첫 번째 핵을 분열시킬 때 ❷ 2개 이상의 2차 중성자가 방출되고 ❸ 이것이 다시 인근에 있는 우라늄 핵을 분열시켜 또 다른 2차 중성자를 만들어낸다.

리학자들은 대략 80차례의 핵분열반응이 연쇄적으로 일어날 경우 우라늄 덩어리 1킬로그램(골프공보다 크기가 더 작은)은 대략 TNT 2만 톤에 해당하는 위력을 갖고 폭발할 것으로 내다보았다.

원자폭탄 개발계획의 진행

1939년 8월, 독일이 폴란드를 침공하면서 제2차 세계대전이 발발했다. 전쟁이 터지자 나치스를 피해 미국과 영국으로 망명했던 과학자들은 핵분열현상이 발견된 곳이 나치스 독일의 심장부인 베를린이었다는 점에 주목했고, 만약 핵분열 연쇄반응을 이용한 폭탄이 히틀러의 수중에 들어간다면 전세계에 돌이킬 수 없는 재앙이 빚어질 거라고 걱정했다. 그중 실라드와 유진 비그너(Eugene Wigner) 같은 일부 과학자들은 역시 미국으로 망명와 있던 아인슈타인을 움직여 루스벨트 대통령에게 이러한 사실을 경고하는 편지를 쓰도록 하기도 했다. 그러나 개전 후 2년 동안 폭탄 연구와

▲ 오크리지의 거대한 우라늄 분리 농축 공장들(왼쪽 위부터 시계방향으로 K-25, S-50, Y-12, X-10). 이 공장들의 건설에만 10억 달러가 넘는 막대한 자금이 들어갔다. 거대한 공장들의 면모를 보면 미국이 독일에 앞서 원자탄을 개발하기 위해 얼마나 몸부림을 쳤는지 엿볼 수 있다.

그에 대한 지원은 지지부진했다. 단시간 내에 폭탄을 만들어낼 가능성이 있는지에 대해 상당수 과학자들이 여전히 회의적인 태도를 보이고 있었기 때문이었다.

이러한 상황에 결정적인 변화를 가져온 것은 1941년 가을에 미국 정부로 전달된 일명 '모드 보고서'였다. 영국의 과학자들이 작성한 보고서는 우라늄 235를 가지고 핵분열 폭탄을 만드는 것이 실제로 가능하다는 내용을 담고 있었다. 아울러 이해에는 또다른 핵분열 물질로 쓸 수 있는 원자번호 94인 새로운 원소 플루토늄이 글렌 시보그(Glenn Seaborg)에 의해 발견되었다. 이에 자극받은 미국 정부는 진주만 습격이 있기 하루 전인 1941년 12월 6일에 원자탄 개발계획을 추진하기로 결정했다.

1942년 6월부터 원자탄 개발계획은 미국 육군이 관장하게 되었고 '맨해튼 공병지구(Manhattan Engineering District)'라는 암호명이 붙었다. 프로젝트 전체의 책임은 미국 공병대 출신의 레슬리 그로브스(Leslie Groves) 준장이 맡게 되었다. 그는 천연 우라늄 광석을 충분히 확보하기 위해 노력하는 한편, 핵분열 물질인 우라늄 235와 플루토늄을 임계질량(핵분열 연쇄반응이 일어날 수 있는 최소 질량) 이상으로 수집하기 위한 대규모 설비 마련에 착수했다. 엄청난 자금을 들여 테네시 주 오크리지에 우라늄 235를 천연 우라늄에서 분리 농축하는 거대한 공장들을 여럿 지었고, 워싱턴 주 핸퍼드에는 우라늄 핵반응을 일으키는 원자로와 핵반응 생성물에서 플루토늄을 분리해내기 위한 엄청나게 큰 공장들을 지었다. 아울러 그는 최종 폭탄 설계 및 조립을 책임질 인물로 젊은 이론물리학자 로버트 오펜하이머(Robert Oppenheimer)를 선정했고, 1943년 3월부터는 오펜하이머의 조언에 따라 폭탄 설계 연구를 수행할 외딴 연구소를 뉴멕시코 주의 황량한 고지대인 로스앨러모스에 건설했다. 로스앨러모스에는 여러 명의 노벨상 수상자들을 포함한 3000여 명의 과학자들이 모여 폭탄의 내부 구조를 설계하고 핵분열 물질의 임계질량을 계산하는 연구에 밤낮없이 몰두했다.

▼ 레슬리 그로브스 준장과 로버트 오펜하이머의 모습(왼쪽). 로스앨러모스의 주거 지역 모습(오른쪽).

◀ 트리니티 실험에 쓸 폭탄을 30미터 높이의 철탑에 매다는 광경.

◀ 1945년 7월 16일 뉴멕시코 주 트리니티에서 성공한 인류 최초의 원자폭탄 실험.

모두 20억 달러에 달하는 막대한 예산을 소모한 맨해튼 계획은 1945년 7월 16일에 뉴멕시코 주 사막 한가운데의 트리니티(Trinity) 실험장에서 인류 역사상 최초의 원자폭탄 실험에 성공했다. 그러나 이때쯤에는 이미 독일이 전쟁 기간 내내 폭탄 연구에서 별반 진전을 보지 못했고 실제 폭탄 제조에는 전혀 근접하지도 못했다는 사실이 수 개월 전부터 알려져 있었다. 폭탄의 투하 목표는 태평양전선에서 아직 완강하게 버티고 있는 일본으로 돌려졌다.

일본에 대한 원자탄 투하 계획의 추진은 상당한 반감을 불러일으켰다. 독일과는 달리 일본은 원자탄을 만들어낼 능력이 결여된 것으로 여겨졌고, 이미 일본은 해군과 공군력을 거의 잃어 저항할 힘을 사실상 상실한 시점이었기 때문이다. 특히 시카고에 있던 실라드와 제임스 프랑크(James Franck) 같은 과학자들은 폭탄을 일본에 떨어뜨리는 대신 제3국의 참관하에 무인도에 실험해 일본의 항복을 유도하고, 동시에 전후 핵무기의 국제적 통제 방안 마련에 나서야 한다고 역설했다. 그들은 원자탄의 제조에 관한 사항이 결코 비밀이 될 수 없음을 잘 알고 있었고, 따라서 머지않아 미국의 핵독점이 깨지면 위험천만한 무한 군비경쟁의 시대가 도래할 거라고 우려했던 것이다.

그러나 당시 이러한 의견에 동조했던 사람들은 소수였다. 오펜하이머를 비롯한 로스앨러모스의 과학자들 대다수는 자신들의 과학 연구의 성과를 알리고 싶은 생각에서, 프로젝트를 책임진 그로브스 장군과 육군장관 헨리 스팀슨은 20억 달러라는 막대한 돈을 예산 심의도 받지 않고 써버린 것을 의회에 변명하기 위해서, 트루먼 대통령과 제임스 번스 국무장관은 일본에 조속한 승전을 거두어

◀▼ 히로시마에 떨어진 원자폭탄과 투하 후 폐허로 변해버린 히로시마 시내 전경.

극동에서 소련의 영향력이 커지는 것을 막기 위해서 각각 원자탄 투하에 찬성했다. 결국 1945년 8월 6일에는 히로시마에 '리틀 보이(Little Boy)'라는 이름의 우라늄 폭탄이, 8월 9일에는 나가사키에 '팻 맨(Fat Man)'이라는 이름의 플루토늄 폭탄이 각각 투하되었다. 두 도시에서 그해 말까지 20만 명이 넘는 사람들이 목숨을 잃었고, 이후에도 수많은 사람들이 방사능의 후유증으로 고통받게 되었다. 8월 15일 일본이 무조건 항복함으로써 제2차 세계대전은 종말을 고했다.

전후의 군비경쟁과 '과학자의 사회적 책임'

제2차 세계대전이 끝난 직후 미국의 군부나 정치인들은 다른 나라가 독자적으로 원자폭탄을 개발하려면 적어도 20년은 걸릴 것으로 내다보았다. 이와 같은 판단에 근거해 그들은 우라늄 농축이나 원자로 같은 핵무기 관련 기술을 다른 나라에 알려주는 것을 거부했다. 이를 통해 미국의 핵독점이 당분간 유지될 수 있을 것으로 판단했기 때문이다. 그러나 이러한 낙관적 예측은 소련이 1949년에 핵실험에 성공했다는 첩보가 입수되면서 불과 4년 만에 무참히 깨지고 말았다. 소련이 단기간에 원자탄 개발에 성공을 거둔 데는 독자적인 연구개발 노력도 있었지만, 로스앨러모스에 클라우스 푹스(Klaus Fuchs) 같은 소련 측 스파이가 있어서 맨해튼 계획의 진행 상황을 소상하게 전달해주었기 때문이기도 했다.

    소련의 원자탄 개발 소식은 미국 내에서 심리적 공황 사태를 야기했고, 원자폭탄보다 수천 배 더 강력한 수소폭탄을 개발해야 한다는 주장에 힘을 실어주었다. 수소폭탄은 핵분열이 아니라 수소와 중수소의 열핵융합반응(태양의 중심부에서 일어나는 것과 동일한)에서 방출되는 에너지를 이용하는 것으로, 이론적으로는 거의 무제한의 위력을 가진 폭탄을 만들 수 있었다. 오펜하이머를 비롯한 상당수 과학자들은 수소폭탄의 개발 가능성을 회의적으로 판단했고 설사 만들어낸다 해도 실질적인 유용성이 거의 없을 것으로 보아 개발에 반대했다. 그러나 이듬해 터진 한국전쟁이 일반대중과 정치인들의 불안감을 증폭시키면서 결국 수소폭탄을 개발하는 방향으로 결정이 내려졌다. 수소폭탄 개발에서는 맨해튼 계획에 참여했던 헝가리 출신의 물리학자 에드워드 텔러(Edward Teller)가 주도적인 역할을 했다. 미국은 1952년에 처음으로 수소폭탄 실험에 성공했고, 뒤이어 소련도 1955년에 수소폭탄 개발에 성공해 본격적인 핵군비 경쟁의 막이 올랐다. 미국과 소련은 핵억지(nuclear deterrence)라는 명목 아래 1980년대 말까지 지구를 몇 번 날려버리고도 남을 수만 발의 핵무기를 경쟁적으로 만들어냈다.

이 과정에서 대부분의 과학자들은 핵무기 개발에 찬성하거나 국가안보를 위해서는 필요하다는 식의 소극적 입장을 취했다. 그러나 모든 과학자들이 그랬던 것은 아니었다. 제2차 세계대전이 끝난 직후부터 과학자들은 시카고를 중심으로 원자과학자연맹[이후 미국과학자연맹(Federation of American Scientists)으로 개칭]을 결성하고 『원자과학자회보 Bulletin of Atomic Scientists』를 발간해 핵무기의 국제적 통제와 핵확산 방지를 위해 활동하기 시작했다. 아인슈타인은 세상을 뜨기 직전인 1955년 7월에 철학자 버트런드 러셀과 함께 인류 절멸의 위기를 경고하고 핵전쟁 회피를 호소한 러셀-아인슈타인 성명을 발표했고, 이 성명의 정신을 이어받아

퍼그워시 회의

핵전쟁의 위험을 줄이고 세계 안보에 대한 해법을 모색하기 위해 1957년 조지프 로트블랫과 버트런드 러셀의 주도하에 창설된 국제조직이다. 첫 번째 회의가 캐나다 노바스코샤 주의 퍼그워시에서 개최되어 이런 이름이 붙었다. 냉전기에 미-소 관계가 경직될 때마다 비공식 대화 채널로서 유용한 역할을 했고, 부분적핵실험금지조약, 핵확산금지조약 등의 체결에도 기여해 1995년 로트블랫과 함께 노벨 평화상을 수상했다.

1957년에는 영국의 물리학자 조지프 로트블랫(Joseph Rotblat)의 주도하에 '과학과 세계문제에 관한 퍼그워시 회의'*가 출범했다. 노벨 화학상을 수상한 화학자 라이너스 폴링(Linus Pauling)은 1950년대 중반부터 핵실험 중지를 국제사회에 호소하는 캠페인을 정력적으로 전개해, 결국 1963년 대기권 내·수중·우주공간에서의 핵실험을 금지한 부분적핵실험금지조약(PTBT)이 체결되도록 하는 데 중요한 역할을 했다(이러한 공로를 인정받아 폴링은 1962년에 노벨 평화상을 수상했다). 이러한 사례들은 핵무기의 개발이 과학자 공동체에 과학자의 사회적·도덕적 책임이라는 중대한 의제를 새롭게 던져주었음을 엿볼 수 있게 해준다.

원자력발전의 기원과 성쇠

핵에너지의 '평화적' 이용이 걸어온 길

제2차 세계대전이 막을 내리면서 전시에 막대한 예산을 들여 극비리에 운영되었던 맨해튼 계획도 종말을 고했다. 이에 따라 전시에 그로브스 휘하의 육군이 관리했던 오크리지, 핸퍼드, 로스앨러모스 등에 위치한 엄청난 설비와 인력을 통제하는 일이 중요한 과제로 대두되었다. 상원의원 브라이언 맥마흔이 발의한 일명 '맥마흔 법안'*에 의해 이 임무를 담당할 새로운 기구인 원자력위원회(Atomic Energy Commission, AEC)가 1946년에 생겨났고, 맨해튼 계획 산하의 생산 설비들과 연구소들에 대한 관리 책임이 이곳으로 이전되었다.

전쟁이 끝난 후 원자과학자들은 부분적으로 자신들이 원자폭탄을 만들어내 엄청난 인명을 살상했다는 사실에 대한 죄책감에서, 핵에너지를 파괴 목적이 아닌 평화적 용도로도 사용할 수 있음을 시사했다. 가령 우라늄과 플루토늄을 열과 증기를 만드는 값싼 연료로 이용해 발전소의 터빈을 돌리거나 배나 잠수함 등 운송수단의 엔진을 가동하는 데 쓸 수 있을 것이었다. 이에 따라 AEC는 군사적 용도와 (앞으로 생겨날) 비군사적 용도의 핵에너지 이용을 모두 관장하는 이중의 임무를 맡게 되었다.

그러나 핵에너지의 평화적 이용은 금방 실행에 옮겨지지 않았다. 냉전 초기에 미국과 소련 사이의 긴장이 커지면서 AEC의 사업 우선순위는 군사적인 방향, 즉 원자폭탄의 양산체제 마련으로 치우쳤고 전력생산용 원자로 개발은 계속해서 우선순위가 뒤로 밀리고 있었다. 이러한 상황에서 1950년대 미국의 상업용 원자력 발전 도입을 부추긴 것은 역설적이게도 미국 해군의 핵잠수함 개발 노력과 1949년 소련의 원자탄 개발 성공으로 인한 미-소의 역관계 변화였다. 핵에너지의 '평화적' 이용은 다름아닌 군사적이고

맥마흔 법안
제2차 세계대전 중에 개발한 핵 관련 기술을 미국 정부가 어떻게 통제하고 관리할 것인지를 규정한 법안으로 1945년 상원의원 브라이언 맥마흔이 발의했고, 상·하원 의결을 거쳐 1947년 1월 원자에너지법(Atomic Energy Act)으로 공식 발효됐다. 핵 관련 기술을 군대가 아닌 민간의 손에 맡긴다는 내용을 골자로 하며, 이에 따라 민간위원들로 구성된 원자력위원회가 설립되었다.

체제대결적인 여러 계기들에 의해 추동되었던 것이다. 그리고 1960년대까지 서구사회를 풍미했던 핵에너지의 미래에 대한 무한한 낙관은 핵에너지의 이용 확대를 지탱하는 동력이 되었다.

하이먼 리코버와 미국 해군의 핵잠수함 개발

제2차 세계대전기의 맨해튼 계획은 공식적으로 미국 육군 소관이었다. 따라서 전쟁 기간 동안 해군은 핵무기 개발계획에서 소외되어 있었다. 전쟁이 끝난 후 해군은 핵에너지 개발에서 더 이상 뒤처져서는 안 된다고 판단하고 핵에너지를 이용해 추진력을 얻는 잠수함의 개발에 착수했다. 종전까지의 모든 잠수함은 디젤엔진을 이용했지만, 일단 잠수하고 나면 연료의 연소에 필요한 공기를 얻을 수 없기 때문에 전지를 써서 추진력을 얻어야 했다. 이 때문에 통상적인 잠수함의 작전 수행 시간이나 잠수 심도는 상당히 제한되어 있었다. 원자로에서 에너지를 얻는 핵잠수함은 이 문제를 해결할 수 있는 유력한 방안으로 생각되었다.

해군의 핵잠수함 개발 프로젝트에서 결정적인 역할을 한 사람은 해군 공병 장교였던 하이먼 리코버(Hyman Rickover) 대령이었다. 그는 해군 내에서 기술적 능력을 높이 인정받고 있었고, 어떤 프로젝트를 맡았을 때 전력을 다해 밀어붙이는 저돌적 태도로 악명을 떨쳤다. 1946년에 오크리지의 클린턴 연구소로 파견을 나갔다가 원자로 건설과 관련된 과학기술을 접하게 된 리코버는 해군 상층부를 설득해 AEC와 해군이 공동으로 핵추진 잠수함 개발계획에 나서게 했고, 자신이 그 프로젝트의 책임을 맡았다.

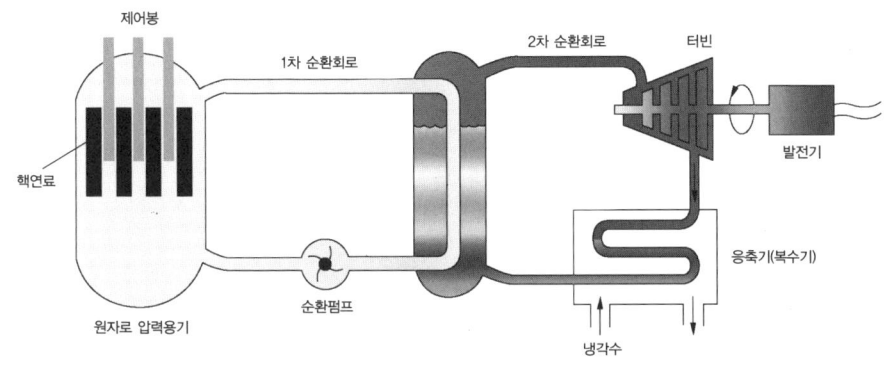

▲ 핵잠수함용 원자로에서 유래한 가압경수로의 구조. 핵연료가 들어찬 노심(爐心)에서 발생하는 열을 1차 순환회로를 도는 물이 열교환기로 전달된다. 전달된 열은 2차 순환회로의 물을 끓여 수증기를 발생시키고, 이 수증기가 터빈을 돌려 전기를 만들어낸다. 여기서 1차 순환회로를 도는 물은 대략 150기압으로 가압해 끓지 않도록 한다.

▲ 1954년 1월 11일자 『타임』지 표지에 등장한 하이먼 리코버. 핵잠수함 프로젝트에 성공한 후 그는 일약 미국의 국민적 영웅이 되었다.

리코버가 가장 먼저 맞닥뜨린 문제는 잠수함에 탑재할 원자로의 종류를 정하는 문제였다. 당시는 핵에너지 이용의 초창기였기 때문에 냉각재로 다양한 물질들을 이용하는 원자로들이 폭넓게 실험되고 있는 단계였고, 과학자들은 그중 어느 것을 선택할지를 결정하려면 더 많은 실험과 데이터가 필요하다고 생각하고 있었다. 그러나 리코버는 가능한 한 빨리 핵추진 잠수함을 만들기를 원했으므로 과학자들의 유보적인 태도를 물리치고 그중 가장 유망하다고 판단한 경수로를 사용하기로 결정을 내렸고, 웨스팅하우스 사를 끌어들여 잠수함에 쓸 가압경수로를 만들게 했다. 이어 그는 잠수함 승무원들을 방사능으로부터 보호할 수 있는 차폐설비를 갖추고 원자로에 쓸 핵연료를 확보하고 열교환기와 제어장치를 설계하는 등 건조 과정에서의 골치아픈 문제들을 차례로 해결해나갔다.

이렇게 해서 1955년 1월에 쥘 베른의 소설에 나오는 가상의 잠수함 이름을 따 '노틸러스'라고 이름붙인 최초의 핵잠수함이 시험 항해에 나섰다. 노틸러스 호는 바다에서 놀라운 성능을 선보였고, 1년도 채 안 되어 잠수 시간, 잠수 항행 거리, 잠수 심도, 항행 속도

▲ 시험 항해에 나선 최초의 핵잠수함 노틸러스 호.

등 거의 모든 면에서 이전의 잠수함들이 갖고 있던 기록을 갈아치웠다. 이러한 대성공으로 말미암아 리코버는 국가적 명성과 열광적 지지를 받으면서 장성으로 진급하게 되었다. 그 다음해에는 두 번째 핵잠수함인 시울프 호가 진수식을 가졌고, 1960년에는 핵잠수함의 수가 10여 척으로 늘어났다. 리코버는 여기서 만족하지 않고 1950년대 초부터 핵추진 능력을 통상의 선박으로 확대하려는 계획을 세웠다. 그가 일차적으로 초점을 맞춘 것은 핵항공모함*의 건조였다. 그러나 이 시기를 전후해 핵문제를 둘러싼 미-소 관계가 급격히 변화하면서 그는 이 계획을 잠시 접어두게 되었다.

'평화를 위한 원자' 선언과 시핑포트 원자력발전소

냉전기의 미-소 관계에 긴장을 증가시킨 변수는 1949년 소련의 원자탄 개발이었다. 이는 즉각 미국 본토에 대한 소련의 핵공격이 가져올 위험에 대한 경각심을 불러일으켰다. 그러나 이것 못지않

핵항공모함
원자로를 써서 추진력을 얻는 항공모함을 말한다. 가장 먼저 만들어진 것은 1960년에 진수식을 가진 엔터프라이즈 호로 8개의 원자로를 가동해 동력을 얻었다. 이후 그 수가 늘어나 현재에는 10척의 핵항공모함이 임무를 수행하고 있다.

게 중요했던 점은 소련이 핵무기와 함께 핵에너지를 민간 용도로 이용할 수 있는 능력을 개발하고 있다는 사실이었다. 당시는 핵에너지의 미래에 대한 유토피아적 낙관이 지배적이었고, 핵에너지가 "사막을 옥토로 바꾸고 얼어붙은 땅에 봄을 가져올 것"이라는 식의 공상적인 예측이 풍미했던 시기였다. 따라서 만약 소련이 미국보다 앞서서 전력생산용 원자로를 개발해 국제시장을 선점한다면 이는 미국에 엄청난 타격으로 작용할 터였다. 소련의 원조를 받아 원자력발전소를 도입한 국가들, 그중에서도 특히 아직 미·소 어느 진영으로도 가담하지 않은 제3세계 국가들 중 상당수가 소련 쪽으로 넘어가 이른바 '자유 진영'과 '공산 진영' 사이의 세력 균형이 무너질 수 있었기 때문이다.

위협을 느낀 미국의 국가안보회의는 AEC에 전력생산용 원자로를 시급히 개발하도록 요청했고, 1952년에 AEC는 원자로 개발을 첫 번째 우선순위로 올려놓았다. 이어 1953년 12월의 유엔 총회 연설에서 아이젠하워 대통령은 '평화를 위한 원자(Atoms for

▶ 1953년 12월 유엔 총회에서 한 아이젠하워의 '평화를 위한 원자' 연설.

◀ '평화를 위한 원자' 선언을 기념해 1955년에 발간된 우표. 인류의 번영을 위해 핵에너지를 사용하겠다는 약속을 담고 있었지만 그 숨은 의도는 다른 곳에 있었다.

Peace)' 프로그램을 선언하고 나섰다. 이는 미국이 보유하고 있는 핵기술을 인류의 번영을 위해 사용하겠다는 약속으로, 특히 개발도상국이 전력생산용 원자로를 건설하려 할 때 미국이 이를 원조해주겠다는 내용을 담고 있었다. 그러나 표면상으로 드러난 것과 달리 이 선언의 실제 의도는 소련보다 앞서 원자로 시장을 선점하고 개발도상국으로 핵무기가 확산되는 것을 미연에 방지하는 쪽에 초점이 맞춰져 있었다.

아이젠하워의 선언에 따라 미국은 시급히 전력생산용 원자로를 만들어내야만 했다. 이를 위해 크게 두 가지 방안이 제시되었다. 그중 하나는 당시 거의 개발 완료 단계에 있었던 항공모함용 원자로를 거의 그대로 전력생산용 원자로로 갖다 쓰자는 리코버의 제안이었고, 다른 하나는 좀더 시간을 두고 경수로와 중수로의 장단점에 대해 숙고한 후에 새로운 상업용 원자로를 개발하자는 의견이었다. AEC의 원자로 개발 부서는 전력 생산의 경제성 측면에서 유리한 후자를 지지했으나, 실제 논의 과정에서는 전력생산용 원자로를 시급히 확보해야 한다는 국가안보 차원의 고려가 경제성에 대한 고려를 압도했고, 결국 리코버의 제안이 받아들여졌다. 리코버는 미국 최초의 상업용 원자력발전소의 건설 책임까지 맡게 되었다.

최초의 상업용 원자력발전소는 펜실베이니아 주 시핑포트에 있는 오하이오 강 인근을 부지로 정하고 1954년 9월에 기공식을 가졌다. 시핑포트 원자력발전소는 1957년 12월에 6만 킬로와트의 출력으로 가동을 시작했다. 그러나 전력을 판매하는 상업용 원자력발전소였음에도 시핑포트 원자력발전소의 전력 생산단가는 당시 화력발전소의 10배에 달할 정도로 터무니없이 비쌌다. 이는 애초부터 경제성을 염두에 두지 않고 설계된 항공모함용 가압경수로를 도입할 때부터 예견된 일이었다. AEC와 아이젠하워 행정부의 정책에 비판적인 사람들은 군사용 원자로에 기반해 비군사용 원자로를 다급하게 만들려고 하다가 열등한 기술(가압경수로)로 귀결되고 말았다고 주장하기도 했다. 이후 경수로는 미국의 대외 지원 프로그램에 따라 자체적인 원자로 개발계획이 없는 유럽의 여러 나라로 수출되었고 오늘날 전세계 원자로의 70퍼센트 이상

▶ 미국 최초의 상업용 원자력발전소인 시핑포트 원자력발전소의 모습.

을 차지하는 사실상의 표준*(de facto standard)으로 자리를 잡았다. 경수로와 중수로, 기체흑연로 등 당시 서로 경쟁하던 기술 중 어느 것이 안전성이나 경제성 면에서 가장 우수한 것이었는가에 관한 논쟁은 현재까지도 계속 이어지고 있다.

사실상의 표준
전통이나 시장의 선점, 높은 대중성 등에 따라 자연스럽게 지배적인 위치를 차지하게 된 표준을 가리키며, 표준 기구에서 제정한 기술적 표준이나 법으로 강제되는 법률적 표준과 차별된다. 영문 타자기(키보드)의 QWERTY 자판, 마이크로소프트 사의 운영체제에 기반한 IBM 호환 PC, 비디오 레코더의 VHS 포맷 등이 대표적인 사례이다.

원자력발전소 건설의 확산과 쇠퇴

미국 의회와 정부는 원자력발전 산업의 빠른 발전을 촉진하기 위해 1950년대에 다양한 조치를 취했다. 먼저 1954년에는 원자에너지법을 개정해 민간기업이 원자력발전소를 짓고 이를 소유, 운영하는 것을 허용했다. 다만 (핵무기의 재료가 될 수도 있는) 우라늄 등의 핵연료는 정부가 소유하고 있다가 대여해주는 형식을 빌리도록 했다. 그리고 AEC는 1955년에 전력 생산 원자로 시범 프로그램(Power Reactor Demonstration Program)을 발족시켜 원자로 건설에 드는 모든 연구개발 비용을 보조금 형태로 기업들에게 제공하고 핵연료인 우라늄도 일정 기간 무상으로 제공하겠다는 계획을 내놓았다. 심지어 1957년에는 프라이스-앤더슨 법을 통과시켜 원자력발전소 사고가 혹시 발생했을 때 전력회사가 물어야 하는 손해배상액 대부분을 연방정부가 대신 내주도록 하는 조치를 취하기까지 했다.

그러나 이와 같은 노력에도 불구하고 1960년대 중반까지의 10여 년 동안 전력회사들의 반응은 냉담했고 신규로 주문된 원자력발전 시설은 10여 기에 그쳤다. 그나마 그중 대다수는 연방정부가 적극적으로 개입해 건설이 성사된 것이었다. 이런 결과가 빚어진

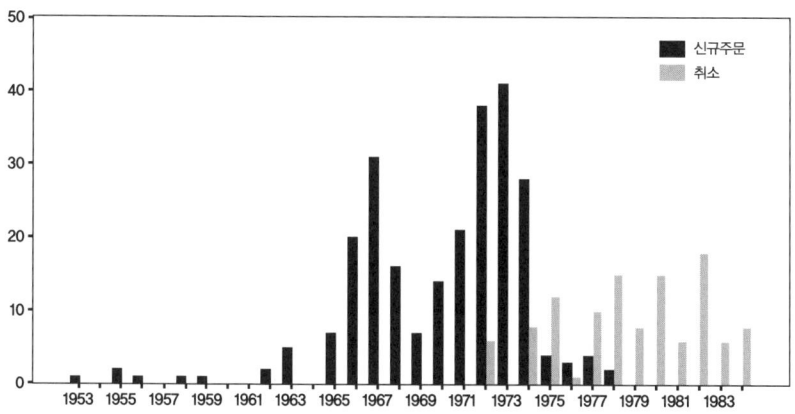

▲ 1953년 이후 미국에서 주문된 상업용 원자력발전소의 추이. 1963년까지 거의 주문이 없다가 1965년에서 1975년 사이에 이른바 '시류영합 시장'의 물결이 두 차례 휩쓸고 지나가는 것을 볼 수 있다. 오일쇼크 이후 주문 취소가 나타나기 시작하고 스리마일 섬 원자력발전소 사고 이후에는 원자력발전소의 신규 주문이 자취를 감춘다.

가장 큰 이유는 전력 생산비용이 여전히 매우 비쌌다는 데 있었다. 이러한 상황에 변화가 생기기 시작한 것은 1963년부터 미국에서 원자력발전소 건설을 주로 담당한 2개의 회사, 즉 제너럴 일렉트릭(GE)과 웨스팅하우스가 이른바 '완성품 인도(turnkey)' 방식으로 원자력발전소 판매를 시작하면서부터였다. 이는 원자력발전소의 건설비용을 미리 책정해 계약한 다음 이를 초과하는 비용은 모두 원자력발전소 건설회사가 부담하고, 전력회사는 발전소가 준공되어 검사를 거친 후 이를 가동시키는 '열쇠'만 넘겨받으면 되는 방식이었다. GE와 웨스팅하우스는 시간이 지나면서 원자력발전소 건설비용과 발전단가가 크게 떨어질 것이라는 매우 낙관적인 전망하에 건설비용을 비정상적으로 낮게 책정했고, 이를 계기로 비로소 원자력발전소 건설이 활발하게 이루어지기 시작했다.

완성품 인도 방식으로 건설된 원자력발전 시설은 모두 11기였는데, GE와 웨스팅하우스는 건설 과정에서 10억 달러에 달하는 엄청난 손해를 보았다. 그러나 1960년대 중반 이후부터 두 회사가 핵에너지에 대해 보여온 엄청난 낙관은 전력회사들에게로 '전염'

되었고, 그로부터 약 10년 동안 원자력발전소 건설을 하나의 대세로 여기고 미래에는 원자력발전의 발전단가가 크게 떨어질 거라고 믿는 이른바 '시류영합 시장(bandwagon market)'의 시기가 도래했다. 이 기간 동안 전력회사들은 200기가 넘는 원자력발전 시설의 신규 건설을 주문했을 정도로 원자력발전소 건설이 하나의 붐을 이루었다. 하지만 미국에서 원자력발전 산업이 누렸던 짧은 호황은, 1970년대 이후 반핵운동이 성장해 원자력발전의 경제성과 안전성에 대한 문제제기가 나타나고 1974년의 오일쇼크와 1979년의 스리마일 섬 원자력발전소 사고가 연이어 닥치면서 치명타를 얻어맞고 말았다. 1979년 이후 미국에서는 신규 원자력발전 시설의 주문은 전혀 없이 매년 10~20기의 주문 취소만 있는 쇠퇴기가 이어지게 된다.

이렇듯 원자력발전은 제2차 세계대전 후 과학자들이 핵에너지의 힘을 평화적으로 이용할 수 있다는 믿음을 피력하면서 가능성이 제기되었다. 그러나 이러한 믿음을 실현시킨 것은 다름아닌 냉전기의 군사적 필요와 냉혹한 체제대결 논리였다. 미국 최초의 상업용 원자력발전소인 시핑포트 원자력발전소는 미국 해군의 핵잠수함-핵항공모함 개발 과정에서 설계된 가압경수로를 근간으로 했으며, 소련의 원자탄 개발로 인해 조성된 미국 정부의 조바심이 건설을 앞당기는 계기로 작용했다. 그리고 경제성과는 거리가 있었던 원자력발전소의 건설을 1960년대 이후에도 지탱시켰던 것은 핵에너지의 미래에 대한 무한한 낙관이었다. 그러나 이러한 낙관은 1970년대 이후 다양한 악재들이 겹치면서 수그러들고 만다. 불과 50여 년 전만 해도 '미래지향적 기술'의 대표주자격이었던 핵기술이 쇠퇴기로 접어들기 시작했던 것이다.

원 자 로 의 종 류

핵분열에서 나오는 열과 증기를 이용해 터빈을 돌리는 원자로는 냉각재와 감속재로 어떤 물질을 사용하느냐에 따라 여러 갈래로 나뉜다. 이때 냉각재는 핵분열 물질로 들어찬 노심에서 발생하는 열을 식히는 데 쓰이는 물질을 말하며, 감속재는 핵분열에서 발생하는 중성자의 속도를 느리게 해 원자로 내에서 제어 연쇄반응이 지속적으로 일어날 수 있도록 해주는 물질을 말한다. 오늘날 전세계적으로 가장 널리 쓰이고 있는 경수로는 냉각재와 감속재로 모두 경수(輕水), 즉 일반적인 물을 사용한다. 경수로는 열전달 방식에 따라 다시 가압경수로와 비등수로로 나뉜다. 1960년대에 캐나다에서 개발한 중수로는 냉각재와 감속재로 중수(重水), 즉 '무거운 물'을 사용한다(중수는 중수소(D)와 산소(O)가 결합한 것으로(D_2O) 자연계의 물 속에 대략 5000분의 1 정도의 비율로 존재한다). 그리고 1950년대 영국에서 상업화시킨 기체 흑연로는 냉각재로 헬륨이나 이산화탄소 같은 기체를, 감속재로 흑연을 각각 사용한다. 이 외에 나트륨 같은 액체 금속을 냉각재로 사용하는 원자로가 개발되기도 했다.

디지털 컴퓨터의 등장과 PC 혁명 (1)

군사적 연구개발의 주도, 1943~1968

오늘날 컴퓨터는 사회 곳곳에 스며들어 사람들이 수행하는 거의 모든 활동을 매개하는 역할을 하고 있다. 우리는 컴퓨터를 이용해 업무를 수행하고, 취미 생활을 즐기며, 네트워크를 통해 필요한 정보를 얻고, 더 나아가 이를 매개로 의사소통을 한다. 컴퓨터는 이제 모든 곳에 편재(遍在)하는 공기와도 같은 필수적인 존재가 되었다. 이런 상황을 감안해보면 많은 사람들이 컴퓨터의 역사에 관심을 갖는 것이 썩 어색하지 않게 여겨진다.

대다수의 사람들은 컴퓨터의 역사, 하면 하드웨어의 역사를 떠올린다. 제2차 세계대전 직후의 집채만하던 대형 컴퓨터가 1960년대 이후 탁자만한 크기의 '미니'컴퓨터로 발전했고, 그것이 다시 오늘날처럼 책상 위에 올려놓고 쓸 수 있는 '마이크로'컴퓨터(나중에 IBM에 의해 '퍼스널 컴퓨터'라는 이름이 붙었다)로 진화해 왔다는 것이다. 이런 통념을 뒷받침하는 것이 교과서 등에서 흔히 찾아볼 수 있는 세대별 구분이다. 이는 핵심 소자가 무엇인가에 따라 컴퓨터의 발전 단계를 대략 10년 단위로 1세대(진공관)-2세대(트랜지스터)-3세대[집적회로(IC)]-4세대[대규모 집적회로(LSI)]-5세대[초대규모 집적회로(VLSI)]와 같이 나누는 것으로, 세대가 거듭되면서 컴퓨터의 크기는 작아졌고 연산 속도는 더욱 빨라졌다는 생각을 담고 있다. 인텔 사의 창립자인 고든 무어(Gordon Moore)가 제창했다는 일명 '무어의 법칙'* 역시 그러한 생각과 궤를 같이한다.

그러나 컴퓨터의 역사를 하드웨어 중심으로 이해하는 이러한 사고방식이 과히 틀린 것은 아님에도 불구하고, 이는 디지털 컴퓨터가 왜 특정한 시기에 개발되고 발전했으며 어떻게 해서 오늘날과 같은 형태를 갖추게 되었는가 하는 좀더 흥미로운 문제에 대한

무어의 법칙
1968년에 인텔을 공동 창립한 고든 무어는 1964년에 집적회로 칩에 들어가는 트랜지스터와 기타 소자들의 밀도가 매년 2배로 늘어난다는 사실을 발견했다. 그는 이런 경향이 1980년까지 지속될 것으로 보았고, 이후에는 속도가 늦어져 2년마다 2배가 될 것으로 예상했다. 실제로 1970년대 이후 집적회로의 칩 밀도는 대략 18개월마다 2배로 증가해왔고, 앞으로도 당분간 이런 경향은 계속 들어맞을 것으로 예상되고 있다.

답을 제시하지 못하고 있다. 이 물음에 답하기 위해서는 제2차 세계대전 이후 컴퓨터의 발전을 추동한 사회적·문화적 맥락이 어떠한 것이었는가를 시기별로 추적해보아야 한다.

2차 대전의 탄도 계산과 디지털 컴퓨터의 등장

역사상 최초의 범용(汎用) 디지털 컴퓨터가 제2차 세계대전 중에 개발된 에니악(ENIAC)이라는 사실은 많은 사람들이 알고 있다. 컴퓨터의 역사에 조금 관심을 가진 사람이라면 에니악의 개발이 군사적 요구에서 비롯되었으며, 대포의 탄도 계산을 빠른 속도로 해내야 하는 필요성 때문에 개발이 추진되었다는 점도 알고 있을지 모른다. 그러나 탄도 계산을 위해 왜 디지털 컴퓨터가 필요했는지를 이해하고 있는 사람은 의외로 많지 않다. 생각해보라. 대포의 포탄은 중력을 받고 포물선 궤적을 그리며 날아간다. 따라서 탄도 계산은 포탄의 초속도와 발사각, 중력가속도 값만 알면 중학교 수준의 물리 지식만 가지고도 쉽게 풀 수 있는 문제이다. 그런데 이런 '간단한' 계산을 위해 왜 고성능 디지털 컴퓨터가 필요했던 것일까?

 결론부터 말하자면, 그 계산은 결코 간단한 것이 아니었다. 포탄의 발사가 진공상태와 같은 이상적인 상황에서 이뤄지지 않는 탓이다. 제2차 세계대전기에 쓰였던 대포들은 사정거리가 대략 1마일 전후였는데, 이를 정확히 조준하기 위해서는 초속도와 발사각 외에 맞바람의 세기, 옆바람의 세기, 포탄 외장재의 종류, 기압, 심지어 해당 지역의 위도에 따른 중력가속도 값의 미세한 편

▶ 바네바 부시와 그가 발명한 미분해석기. 1928년부터 1931년에 걸쳐 만들어진 이 기계는 양차 대전 사이에 제작된 아날로그 컴퓨터 가운데 가장 강력한 것이었다.

차까지도 고려해야 했다. 그래서 전장(戰場)에서 작전을 펼치는 포병들은 맞바람, 옆바람, 기압 등을 측정한 후 수첩만한 크기의 탄도표(대략 3000개 정도의 탄도 수록)에서 원하는 탄도를 찾아 포를 조준, 발사했다. 그러한 탄도표가 없이는 대포가 있어도 사실상 무용지물이었기 때문에 대포를 전장에 보급하기 전에 3000여 개의 탄도를 미리 계산해서 탄도표를 함께 제공하는 것이 절대적으로 필요했다.

이러한 탄도를 계산하려면 7개의 변수를 가진 미분방정식을 풀어야 했는데, 대학 초급 수준의 미적분학 지식을 갖춘 사람이 탁상용 덧셈기를 가지고 이 방정식 하나를 푸는 데 꼬박 하루가 걸렸다(당시에는 이런 계산을 하는 사람을 두고 'computer'라고 불렀다). 따라서 100명의 'computer'가 열심히 계산을 하면 한 달 걸려 탄도표 하나를 만들 수 있는 셈이었다. 한편 미국의 전기공학자인 바네바 부시(Vannevar Bush)가 1928년에 개발한 아날로그 컴퓨터인 '미분해석기(differential analyzer)'를 가지고도 같은 계산을 할 수 있었는데, 당시 미국에 몇 대 없던 이 기계는 방정식 하나를 푸는 데 10~20분 정도가 걸렸고 탄도표 하나를 만드는 데는 역시

한 달 내외가 소요되었다. 각종의 신무기들이 쉴새없이 쏟아져 나오던 제2차 세계대전 때의 상황을 감안하면 이는 너무나 느린 속도였다.

1943년 봄부터 펜실베이니아 대학교 무어 공대(Moore School)의 물리학자 존 모클리(John Mauchly)와 젊은 전기공학자 J. 프레스퍼 에커트(J. Presper Eckert)가 최초의 디지털 컴퓨터 개발에 나서게 된 것은 바로 이러한 배경에서였다. 에커트와 모클리는 진공관을 써서 기존의 아날로그 컴퓨터보다 훨씬 빠른 디지털 컴퓨터를 만들 수 있다고 믿었고, 군대로부터 50만 달러의 예산을 지원받아 컴퓨터 제작에 나섰다. 그들은 애초의 마감시한을 넘기고 전쟁이 끝난 후인 1945년 11월에야 에니악을 완성할 수 있었다. 에니악은 1만 8000개의 진공관, 7만 개의 저항, 1만 개의 축전기, 6000개의 스위치, 1500개의 계전기를 사용했고, 가로세로가 9미터×15미터인 방을 가득 채우고 무게가 30톤이나 나갈 정도로 거대했으며, 150킬로와트라는 무지막지한 전력을 소모하는 괴물 같은 기계였다.

에니악은 탄도 계산뿐 아니라 다른 어떤 공학적 문제에도 응용할 수 있는 범용 컴퓨터였다. 일례로 에니악이 만들어진 후 가장 먼저 했던 계산 중 하나는 수소폭탄이 이론적으로 가능한가 하는 문제에 관한 것이었다. 그러나 에니악에는 단점이 있었고, 이는 곧 눈에 띄었다. 먼저 에니악은 내부 저장용량이 너무 작다는 한계가 있었다. 에니악 내부에는 겨우 20개의 숫자만을 저장할 수 있었는데, 이 때문에 편미분방정식을 푸는 것과 같은 특정한 문제에 있어서는 심각한 약점을 드러냈다. 또한 에니악은 새로 프로그램을 하기가 너무 번거로웠고, 시간도 최소 반나절에서 며칠

제2차 세계대전 때 개발된 최초의 디지털 컴퓨터 에니악. 이 기계는 초당 5000번의 기초 연산을 수행할 수 있었다. 사진 앞쪽에 서 있는 두 사람이 에커트(중앙)와 모클리(왼쪽)이다.

에니악의 외관. 좌측에 복잡한 전선들이 서로 뒤엉켜 있는 것이 보인다. 에니악을 재프로그램하려면 이 배선을 제거하고 새로 배열해야 했다.

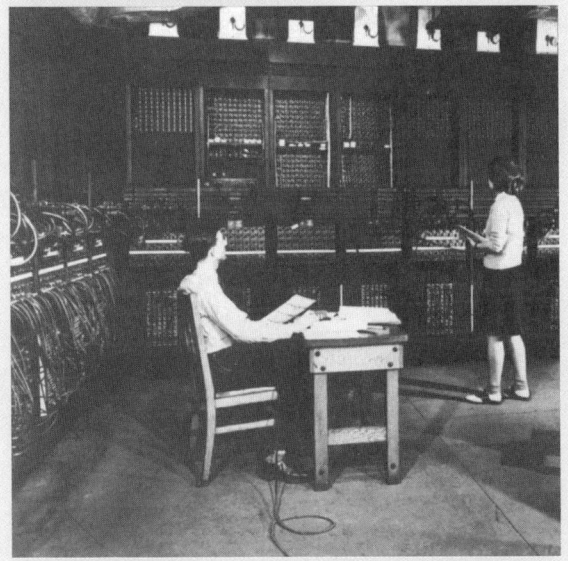

에니악에 들어가는 숫자 카운터. 에커트(왼쪽)가 들고 있는 진공관 22개짜리 장치에 0에서 9까지의 숫자 하나를 저장할 수 있었다.

4. 디지털 컴퓨터의 등장과 PC 혁명(1)

◀ 폰 노이만이 1945년 6월에 제시한 프로그램 내장형 컴퓨터의 개념도.

이상씩 걸렸다. 에니악이 배선을 새로 연결함으로써 프로그램을 '입력'하는 방식을 취하고 있었기 때문이었는데, 그런 점에서 에니악은 컴퓨터라기보다는 오히려 수동 전화교환기와 비슷한 외양을 띠었다.

이러한 에니악의 단점을 개선하는 새로운 컴퓨터 개념은 유럽에서 망명한 수학자 존 폰 노이만(John von Neumann)이 제시해주었다. 그는 에니악 프로젝트 막바지에 합류해 프로젝트의 진행을 지켜보면서 에니악의 문제점에 대해 알게 되었고, 1945년 6월에 최초의 프로그램 내장형 컴퓨터인 에드박(EDVAC)의 개념을 정식화했다. 오늘날까지도 컴퓨터 관련 교과목에서 기초 사항으로 제시되고 있는 이 개념에 따르면 컴퓨터는 크게 입력·출력·제어·연산·기억장치의 5개 부분으로 구성되며, 기억장치에 프로그램과 데이터가 저장되어 있다가 제어장치나 연산장치와 명령이나 데이터를 주고받는다. 이에 힘입어 에니악 이후에 설계된 모든 디지털 컴퓨터는 폰 노이만의 프로그램 내장형 컴퓨터의 개념을 따르게 되었다.

1950년대의 컴퓨터 개발과 SAGE 프로젝트

제2차 세계대전이 끝난 후 컴퓨터에 대한 연구개발은 크게 연구용 컴퓨터, 상업용 컴퓨터, 군사용 컴퓨터의 세 갈래로 진행되었다. 먼저 폰 노이만은 프린스턴 대학교 고등연구원(Institute of Advanced Study, IAS)에 자리를 잡은 후 과학연구용 컴퓨터인 'IAS 머신'을 만들었다. 이 역시 군대의 지원을 받아 제작되었으며, 나중에 IBM이 내놓은 최초 모델인 IBM 701의 모태가 되기도 했다. 그리고 에니악 제작의 주역이었던 에커트와 모클리는 펜실베이니아 대학교를 나와서 상업용 컴퓨터 개발 및 판매를 위한 독자적인 회사를 설립했다. 그들은 개발자금 부족으로 회사를 사무기기 회사인 레밍턴 랜드 사에 넘기는 등 4년여 동안 악전고투를 한 끝에 1951년 최초의 상업용 컴퓨터인 유니박(UNIVAC)을 세상에 내놓았다. 유니박은 1952년의 대통령 선거전에서 결과를 정확하게 예측해 일반인들에게 컴퓨터의 위력에 대한 깊은 인상을 심어주었

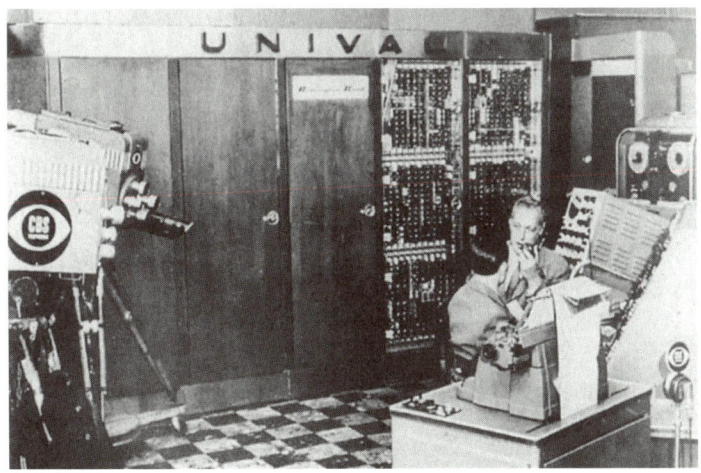

▶ 에커트와 모클리가 개발한 미국 최초의 상업용 컴퓨터인 유니박. 유니박은 CBS에서 생방송으로 내보낸 1952년 대통령 선거 개표방송에서 개표결과를 정확하게 예측해 일반인들의 뇌리에 컴퓨터의 위력을 각인시켰다.

고, 1957년까지 모두 57대가 팔렸다. 이후 상업용 컴퓨터 시장에 뒤늦게 뛰어든 IBM은 뛰어난 판촉전략을 활용해 대형 컴퓨터 시장을 사실상 장악하게 된다.

그러나 1950년대에 컴퓨터 개발의 첨단을 달렸던 것은 연구용이나 상업용이 아닌 군사용 컴퓨터였다. 그 중심에는 제이 포리스터(Jay Forrester)가 개발한 훨윈드(Whirlwind) 컴퓨터와 이에 기반해 구축된 반자동 방공망 시스템이 있었다. 훨윈드 컴퓨터가 구상된 배경을 이해하려면 우리는 다시 전쟁이 한창이던 1943년으로 되돌아가야 한다. 당시 미국 항공국에서는 공군 조종사 양성을 위해 모의비행 훈련기를 제작하려 애쓰고 있었다. 전장에서 희생되는 조종사들의 수가 많았고 신형 비행기들이 속속 등장하고 있었기 때문에 빠른 속도로 조종사를 양성할 필요성이 제기되었는데, 이에 비해 훈련기의 수는 절대적으로 부족했다. 이 문제를 해결하기 위해 나온 것이 모의비행 훈련기였다. 이는 비행기의 내부를 본떠 만든 기계로, 조종사가 그 안에 들어가 시뮬레이터로 비행기를 조종하면 실제로 비행기를 탄 것과 같은 움직임을 보이게 되어 있었다. 가령 조종사가 조종간을 뒤로 당기면 제어 시스템을 거쳐 고도계의 눈금이 상승하는 등 계기반이 변화하고 모터가 작동해 기수를 앞으로 쳐드는 식이었다.

그런데 이러한 훈련방식에는 비행기 기종마다 별도의 모의 훈련기를 만들어야 하는 약점이 있었다. 이 문제를 극복하기 위해 항공국 특수기기 제작부서는 1943년 가을부터 모든 비행기를 모방할 수 있는 범용 모의비행 훈련기를 제작하는 프로젝트에 착수했다. 이 프로젝트를 위해서는 조종사의 동작을 계기반의 데이터나 동체의 움직임으로 변환하여 전달해줄 수 있는 컴퓨팅 시스템

▲ 휠윈드 프로젝트를 이끌었던 제이 포리스터가 휠윈드에 쓰인 자기코어 기억장치를 들고 있는 모습.

이 필요했다. 이를 개발하는 업무는 제이 포리스터라는 젊은 전기공학자가 부소장으로 있던 매사추세츠 공과대학(MIT)의 서보메커니즘 연구소(Servomechanisms Laboratory)에서 맡게 되었다.

포리스터는 애초에 아날로그 컴퓨터를 제어 시스템에 사용하는 모의 훈련기를 구상했고, 이러한 구상에 기반해 1945년 5월 본격적인 프로젝트에 착수했다. 프로젝트의 실무는 MIT의 대학원생이었던 로버트 에버릿(Robert Everett)이 총괄했다. 그러나 아날로그 컴퓨터로는 모의 훈련기에서 요구되는 실시간(real-time) 컴퓨팅을 해낼 수 없다는 사실이 이내 분명해졌다. 모의 훈련기는 조종사의 동작을 즉각적으로 계기반의 변화나 동체의 움직임으로 변환해 나타낼 수 있어야 했지만, 아날로그 컴퓨터는 그런 일을 하기에는 너무 느렸기 때문이다. 대안을 찾아 나선 포리스터는 전쟁 중에 에니악이라는 디지털 컴퓨터가 펜실베이니아 대학교에서 개발되었다는 사실을 뒤늦게서야 알게 되었다.

1946년 초에 그는 실시간으로 작동 가능한 디지털 컴퓨터의 개발로 방향을 선회했고('휠윈드'라는 프로젝트명은 이때 붙었다), 전쟁이 끝나 이미 필요성을 상실한 모의 훈련기가 아닌 컴퓨터의 제작 그 자체에 집중하게 되었다. 실시간 작동을 위해서는 당시 가장 빨랐던 컴퓨터보다 적어도 10배 이상 더 빠른 컴퓨터의 개발이 요구되었다. 이 때문에 포리스터 연구팀의 컴퓨터 개발은 다른 연구팀의 몇 배에 달하는 연구비를 쓰면서도 진행이 매우 더뎠고, 항공국의 뒤를 이어 휠윈드 프로젝트를 지원하고 있던 해군연구국과 포리스터 사이에는 갈등이 끊이지 않았다. 결국 원래 예상했던 20만 달러의 예산을 무려 40배나 초과한 800만 달러의 예산을 쓰고 기간도 애초의 2년에서 8년으로 길어진 끝에야 비로소 1951

년 봄에 훨윈드 컴퓨터가 모습을 드러냈다. 훨윈드는 이후 개발된 자기코어 기억장치(magnetic core memery)*를 탑재해 1953년 여름 세계에서 가장 빠르고 안정적인 컴퓨터로 인정받게 되었다. 훨윈드는 에니악의 3배에 가까운 4만 9000개의 진공관을 쓰고 무게는 250톤이나 나가는 엄청나게 거대한 기계였다.

실시간 컴퓨팅을 구현한 훨윈드의 위력이 유감없이 발휘된 것은 역시 군사적인 응용에서였다. 1949년 8월, 예상을 뒤엎고 소련이 원자탄을 조기 개발했다는 첩보가 전해지면서 미국 군부 내에는 소련이 장거리 폭격기에 원자폭탄을 싣고 북극을 넘어 날아와 미국을 공격할 수 있다는 위기감이 조성되었다. 미국 공군은 기존의 방공망과 조기경보체제에 심각한 구멍이 있다는 사실을 새삼 절감하게 되었고, 이를 보완할 수 있는 레이더망의 확충과 컴퓨터에 기반한 지휘통제본부의 구축을 골자로 하는 계획을 발족시켰다. 이 계획의 과학 자문역을 맡은 MIT의 물리학 교수 조지 밸리(George Valley)는 새로운 지휘통제본부의 핵심을 이룰 컴퓨터를 찾아나선 끝에 당시 막 시험가동 중이던 훨윈드 컴퓨터를 후보로 낙점했다. 이에 따라 훨윈드 프로젝트는 1951년 해군연구국의 손을 떠나 공군 소관으로 이전되어 최종 완성을 보았다.

훨윈드에 기반한 컴퓨터 기반 방공망 구축은 1952년 링컨 프로젝트라는 이름으로 시작되어 이후 반자동 방공망 시스템(Semi-Automatic Ground Environment), 약칭 SAGE 프로젝트로 불리게 되었다. SAGE는 10년이 넘는 기간 동안 원자탄을 개발한 맨해튼 계획에 들어갔던 돈의 몇 곱절에 해당하는 80억 달러 이상의 돈을 들여 1963년에 실전배치되었다. SAGE는 미국 전역을 23개 구역으로 나누고 이들 각각에 지휘본부를 설치한 후 이들간의 네트워

자기코어 기억장치
디지털 컴퓨터 초기에 쓰인 기억장치의 한 형태를 말한다. 자기 세라믹으로 만든 작은 링(코어)을 격자형으로 촘촘하게 배열하고, 각각의 링에 교차하는 전선을 통해 자기장의 극성을 변화시켜 1 혹은 0의 정보를 써넣거나 읽어낸다. 1970년대에 집적회로에 기반한 RAM 칩으로 대체되었고, 현재는 거의 쓰이지 않는다.

▲ 휠윈드 컴퓨터(1952년). 휠윈드 컴퓨터는 방 주위를 둘러싸는 것이 아니라 도서관의 서가처럼 방 전체를 가득 메울 정도로 엄청난 규모를 자랑했다.

크를 구성하는 방식으로 만들어졌다. 각각의 지휘본부에는 휠윈드 컴퓨터의 양산형인 IBM AN/FSQ-7 컴퓨터가 2대씩 설치되어 구역 내의 레이더 기지, 공군 기지, 비행장 등에서 보내오는 데이터를 실시간으로 처리했고, 지휘본부에는 100여 명의 공군 요원들이 콘솔 앞에 앉아 브라운관에 나타나는 해당 구역의 방공 상태를 점검했다. SAGE는 대륙간 탄도미사일(ICBM)의 개발로 그 중요성이 크게 퇴색했으나 1980년대 초반까지 계속 가동되었다.

군사적 연구개발이 미친 영향

이처럼 군사적 목적의 연구개발은 1950년대까지 컴퓨터의 발전을 주도했으며 이러한 경향은 1960년대까지도 계속되었다. SAGE 프로젝트는 프린트기판 회로(printed circuits), 자기코어 기억장치, 대용량 저장장치, 브라운관에 기반한 그래픽 디스플레이 장치 등 숱한 기술적 혁신들을 촉진했고, 이들은 이후 컴퓨터 산업 전반으로 빠르게 확산되었다. 또한 SAGE 프로젝트는 소프트웨어 공학을

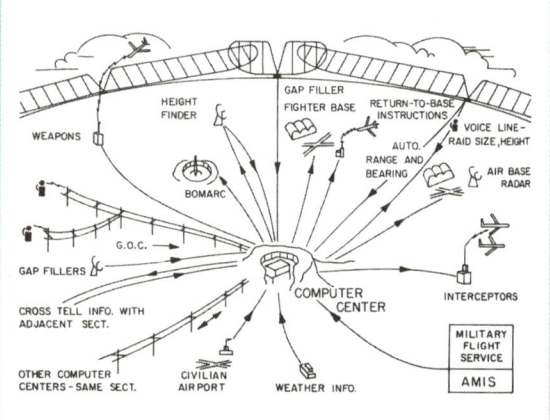

▲ 완성된 반자동 방공망 시스템. 왼쪽 위부터 시계방향으로 IBM에서 제작한 양산형 휠윈드 컴퓨터, 각 구역 내에서 지휘본부와 다른 기지들의 관계를 보여주는 그림, 지휘본부 건물의 구조(2층 전체를 2대의 대형 컴퓨터가 차지하고 있고 공군 요원들은 4층에 위치하고 있다), 콘솔을 통해 해당 구역의 방공 상태를 점검하는 공군 요원들.

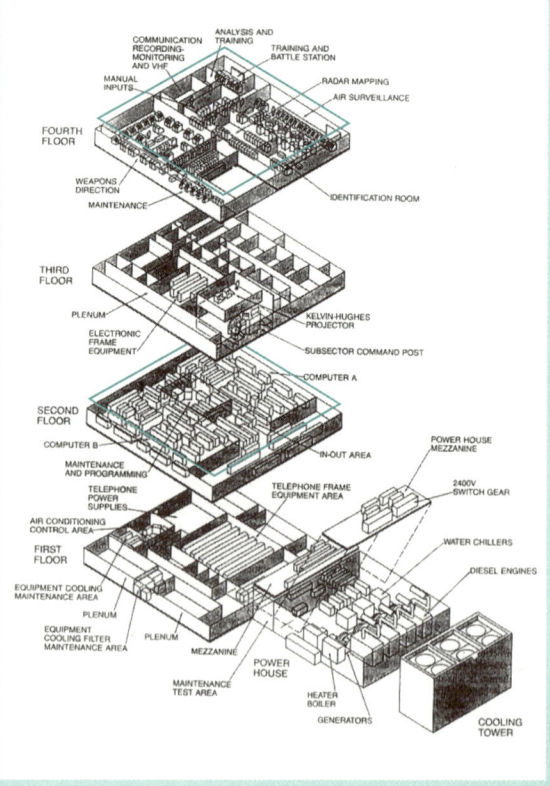

트랜지스터

전자장치에서 전기 신호를 증폭하거나 스위치 역할을 하는 반도체 소자를 말한다. 트랜지스터는 종전까지 쓰이던 진공관에 비해 전기 소모가 적었고 크기가 작았으며 속도도 빨랐다. 1947년 벨 연구소의 존 바딘과 월터 브래튼이 실제로 작동하는 최초의 점접촉 트랜지스터(point-contact transistor) 실험에 성공했고, 같은 연구소의 윌리엄 쇼클리가 이를 뒷받침하는 반도체이론을 제시했다. 세 사람은 1956년 노벨 물리학상을 공동 수상했다.

집적회로

트랜지스터, 다이오드, 저항, 축전기 등의 소자들을 하나의 반도체 기판 위에 분리할 수 없는 형태로 구현시킨 회로를 말하며, 1959년 잭 킬비와 로버트 노이스가 독립적으로 발명했다. 집적회로는 작은 칩 위에 많은 수의 트랜지스터를 집어넣는 것을 가능케 해 개별 소자들을 일일이 납땜으로 이어 만든 이전의 회로에 비해 성능이 엄청나게 향상되었고, 1960년대부터 컴퓨터에 널리 쓰였다. 킬비는 2000년에 노벨 물리학상을 수상했다(노이스는 1990년에 사망했다).

한 단계 업그레이드시키는 데도 일조했다. 반자동 방공망 시스템을 위해 전례없는 규모의 소프트웨어 개발이 요구되었기 때문이다. SAGE 소프트웨어 개발에는 1800명의 전문인력이 1년간 일한 것과 같은 정도의 노력이 경주되었고, 이 때문에 1970년대까지도 소프트웨어 엔지니어들 중에서 과거 SAGE 프로젝트에 참여했던 사람을 심심찮게 찾아볼 수 있었다.

컴퓨터를 구성하는 핵심 소자의 변화에 있어서도 군사적 목적의 이용은 결정적인 영향을 미쳤다. 1947년 벨 연구소의 존 바딘(John Bardeen), 월터 브래튼(Walter Brattain), 윌리엄 쇼클리(William Shockley)가 공동으로 개발한 트랜지스터*가 1950년대 후반부터 컴퓨터에서 진공관을 대체해 쓰이기 시작한 것은 잘 알려진 사실이다. 1959년에는 텍사스 인스트루먼츠(Texas Instruments)의 잭 킬비(Jack Kilby)와 페어차일드 반도체(Fairchild Semiconductor)의 로버트 노이스(Robert Noyce)가 집적회로(IC)*의 핵심 공정 개발에 성공하는데, IC의 초기 확산에 결정적인 영향을 미친 것 역시 군대였다. 군대는 미사일, 미사일 방어 시스템, 암호 해독 등을 위해 당시 고가의 소자였던 IC를 열정적으로 도입했고 그 덕분에 IC의 판매액은 1963년 500만 달러에 불과하던 것이 1968년에는 2억 5000만 달러까지 치솟게 된다. 1970년대 이후 퍼스널 컴퓨터가 등장하는 데 결정적으로 중요했던 컴퓨터 소자의 확산에 있어서도 군사적 영향은 무시할 수 없는 것이었다.

디지털 컴퓨터의 등장과 PC 혁명 (2)

새로운 컴퓨터 이용방식의 부상과 PC 혁명, 1969~1984

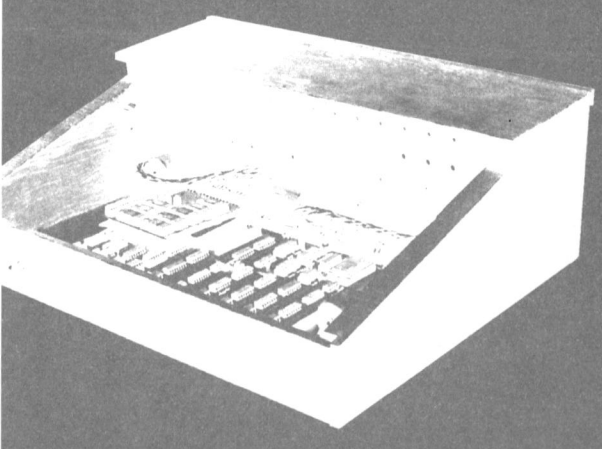

1960년대 중반까지 군사적 목적의 연구개발은 컴퓨터의 발전과 컴퓨터 산업의 성장에 막대한 영향을 미쳤다. 1950년대의 대표적인 군사적 컴퓨터 연구개발 프로젝트였던 SAGE 프로젝트에는 IBM과 버로스, 벨 연구소 등을 비롯한 수십 개의 기업들이 하청업체와 생산업체로 참여했다. 특히 IBM은 SAGE 프로젝트에 참여해 막대한 이익을 챙겼는데, 프로젝트의 전성기에는 IBM 전체 직원의 20퍼센트에 해당하는 7000~8000명이 이 프로젝트에서 일했을 정도였다. 이는 IBM이 컴퓨터 업계에서 부동의 1위 자리로 뛰어오르는 데 중요한 기여를 했다.

디지털 컴퓨터가 처음 개발된 제2차 세계대전 이후부터 1960년대 중반까지는 컴퓨터를 둘러싼 문화에 거의 변화가 없었다. 컴퓨터는 거의 대부분이 수십만 달러 이상 나가는 대형 컴퓨터(mainframe)였고, 이를 구비할 정도로 자금이 넉넉한 기관은 정부기관이나 일부 대학, 대기업 등으로 한정되었다. 컴퓨터를 직접 접할 수 있는 사람 역시 관련 분야를 전공하는 과학자 혹은 엔지니어이거나 기업 등에서 이를 다루는 전문인력으로 극히 제한되어 있었다. 그러나 1960년대를 통해 새로운 컴퓨터 이용방식이 등장하면서 이러한 문화에 조금씩 변화의 물결이 일기 시작했고, 1970년대 중반 이후 퍼스널 컴퓨터(personal computer, PC) 혁명으로 폭발하게 된다.

새로운 컴퓨터 이용방식의 부상: 시분할방식과 미니컴퓨터

변화의 신호탄을 쏘아올린 것은 1960년대 초 시분할방식(time-

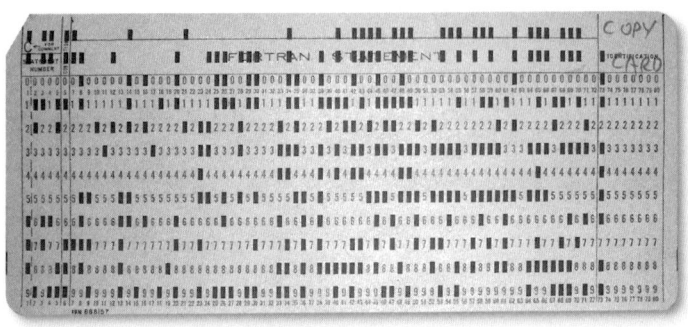
◀ IBM 컴퓨터에 쓰이던 천공카드.

sharing)으로 대형 컴퓨터를 이용하는 방법을 처음으로 개발한 MIT였다. 시분할방식은 여러 명의 이용자가 단말기(terminal)를 통해 대형 컴퓨터를 동시에 이용할 수 있도록 하는 것인데, 이 방식이 왜 혁신적이었는지를 이해하려면 그 이전까지 대형 컴퓨터를 어떤 식으로 사용했는지 먼저 살펴볼 필요가 있다.

시분할방식 도입 이전의 컴퓨터 이용은 일괄처리(batch processing) 방식을 따르고 있었다. 이에 따르면 컴퓨터 이용자는 먼저 자신이 구동하려는 프로그램을 컴퓨터에 집어넣을 수 있도록 천공카드(punch card)에 구멍을 뚫어 수백 내지 수천 장의 천공카드를 순서대로 준비해야 했다. 그리고 난 후 이용자는 천공카드 더미를 컴퓨터가 있는 전자계산소에 가서 접수계를 통해 접수시키고 난 후 짧게는 몇 시간, 길게는 며칠까지 기다렸다. 그동안 전자계산소의 직원들은 접수된 순서대로 천공카드를 컴퓨터에 입력시키고 처리된 결과물을 역시 천공카드의 형태로 이용자들에게 돌려주었다. 이런 식으로 해서 이용자는 컴퓨터를 하루에 잘해야 한두 번 정도밖에 쓰지 못했다. 만약 그 이용자가 복잡한 프로그램을 작성한 후 오류를 고치는 작업(디버깅)을 하고 있는 중이라면 그 작업에 몇 주가 소요될 수도 있었다. 이러한 상황을 두고 한 컴퓨터 과학자는 "당시에는 사람이 컴퓨터를 대할 때 마치 고대 그리스인이 오라클(사제)을 대하듯 했다"고 비꼬아 표현하기도 했다. 컴퓨터의 작업 결과를 참을성 있게 기다리는 이용자의 모습이 마치 오라클을 통한 신탁(神託)을 기다리는 것과 흡사했다는 얘기이다.

시분할방식이 도입되면서 이러한 모습은 점차로 자취를 감추었다. MIT의 존 매카시(John McCarthy)가 1961년에 개발한 시분할기법의 핵심은 컴퓨터의 시간을 쪼개어서 여러 명의 이용자에게 번갈아 나눠주는 소프트웨어에 있었다. 이때 컴퓨터의 속도가 충분히 빠르면 단말기를 통해 컴퓨터에 접속하는 각각의 이용자들은 자신이 다른 사람과 컴퓨터를 '공유'하고 있다고 생각하지 않고 컴퓨터를 독점한 것과 같은 느낌을 받을 수 있다. 바꿔 말해 값비싼 대형 컴퓨터를 마치 자신의 '개인용 컴퓨터'처럼 사용하는 것이 가능해진 것이다. 처음 MIT에 도입된 시분할 시스템은 겨우 3명의 이용자만이 컴퓨터를 공유할 수 있는 초보적인 것이었다. 그러나 1960년대 중반쯤에는 수십 명이 동시에 접속할 수 있는 시분할 시스템이 선을 보였고, 이는 대학을 중심으로 빠르게 확산되었다. 아울러 대형 컴퓨터를 구입할 재정여건이 안 되는 중소기업들

▶ 1960년대 중반 다트머스 대학교에서 학생들이 단말기를 이용해 대형 컴퓨터를 사용하는 모습. 오늘날 대학에서 PC를 사용하는 모습과 제법 흡사하다.

도 모뎀을 통해 시분할방식의 컴퓨터를 사내에서 이용할 수 있게 되었다.

한편 군사적인 용도로 1960년대 초부터 쓰이기 시작한 집적회로(IC)는 이내 민수용으로 적용 범위를 넓혀갔고, 이는 점차로 컴퓨터의 규모 감소를 가져왔다. 방 하나를 가득 메울 정도로 컸던 대형 컴퓨터가 탁자만한 크기로 줄어들게 된 것이다. 대형 컴퓨터에 비해 작다는 의미에서 '미니컴퓨터(minicomputer)'라고 불렸던 이러한 컴퓨터 중 가장 큰 인기를 누렸던 것은 디지털 이큅먼트 사(Digital Equipment Corporation, DEC)가 1965년에 내놓은 PDP-8 컴퓨터였다. PDP-8은 당시 새롭게 등장하고 있던 IC 기술을 완전히 받아들인 최초의 컴퓨터였고, 대형 컴퓨터에 비해 크기가 작을 뿐 아니라 가격도 획기적으로 저렴했다. PDP-8은 1만 8000달러에 판매되기 시작했는데, 이는 대형 컴퓨터의 10분의 1에도 미치지 못하는 가격이었다. PDP-8은 즉각 대성공을 거두어 그 다음해에만 수백 대가 팔렸으며, 이후 10년 동안 3만 대 이상이 팔려나갔다.

PDP-8은 대학이나 연구소처럼 재정적으로 넉넉하지 못한 곳에서도 구입이 가능했고, 이로써 1950년대였다면 상상도 할 수 없었던 방식으로 학생이나 교수들이 컴퓨터를 직접 만지고 사용하는 것이 가능해졌다. 이 때문에 PDP-8의 이용자들 중 많은 수는 이 컴퓨터에 크게 애착을 느꼈으며, 이를 자신의 '개인용' 컴퓨터로 여기기도 했다. 그리고 일부 사용자들이 PDP-8을 위한 비디오 게임 프로그램을 개발하는 등 1970년대 이후 만개하게 되는 컴퓨터 취미 문화가 PDP-8을 매개로 해서 싹트기 시작했다는 점도 중요했다.

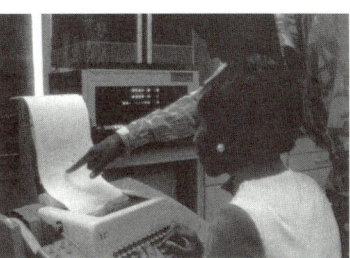

▶ 외장을 벗긴 PDP-8의 모습(왼쪽)과 프로그래머가 텔레타이프를 써서 컴퓨터를 다루는 광경(오른쪽).

마이크로프로세서의 개발과 PC의 등장

시분할방식을 통한 대형 컴퓨터의 이용과 미니컴퓨터의 등장은 컴퓨터와 이용자 간의 관계가 극히 소원하던 1950년대의 컴퓨터 문화로부터 벗어나 '대화식(interactive)' 컴퓨터 문화로 넘어가는 데 중요한 계기를 제공했다. 그렇다면 새로운 컴퓨터 문화의 중핵을 이루는 1970년대의 이른바 'PC 혁명'은 어떻게 촉발되었을까? 그 시작점은 우선 1960년대 말 인텔(Intel) 사의 마이크로프로세서 개발에서 찾을 수 있다.

인텔은 1968년 실리콘밸리에서 문을 연 반도체 회사로, 초기에는 메모리 생산과 전자계산기, 전자시계 등에 들어가는 칩의 주문 제작을 하던 소규모 회사였다. 이 회사가 마이크로프로세서(microprocessor)를 개발하게 된 것은 일본의 전자계산기 제조업체였던 비지콤(Busicom)이 전자계산기에 들어갈 칩을 만들어 달라고 요청한 것이 발단이 되었다. 칩의 설계를 맡은 인텔의 엔지니어 테드 호프(Ted Hoff)는 계산기를 위해 특별히 설계된 논리 칩을 만드는 대신, 하나의 범용 칩(general-purpose chip)을 만들어 특정한 계산기의 기능에 맞춰 이를 프로그램할 수 있도록 하는 것이 더 낫겠다고 판단하고 칩을 설계했다. 그런데 이렇게 만들어진 칩, 즉 마이크로프로세서는 폰 노이만 구조에서 제어 · 연산 · 기억장치를 하나의 칩 속에 구현한 것으로, 적절한 입출력장치만 달면 그 자체로 간단한 컴퓨터의 기능을 할 수 있는 잠재력을 가진 것이었다.

호프가 설계한 계산기 칩인 4004는 1971년 초 비지콤에 인도되었다. 이때 4004 칩의 잠재력을 내다본 인텔의 경영진은 계산기용 칩을 저렴한 가격에 비지콤에 공급하는 대신 인텔이 이 칩을 계산기 이외의 용도로 판매할 수 있도록 하는 내용의 계약을 비지콤과 맺었다. 이 '세기의 계약'을 통해 인텔은 마이크로프로세서의 독자적인 판로를 확보했고, 1971년 11월부터 "칩 속의 컴퓨터(computer on a chip)"라는 광고 문구를 앞세워 4004 칩을 판매하기 시작했다. 초기의 가격은 1000달러로 상당히 비싼 편이었으나 이어 8비트 마이크로프로세서인 8008이 나오고 다른 여러 반도체 회사들(모토롤라, 질로그, 모스텍 등)이 마이크로프로세서를 만들어 팔기 시작하면서 경쟁이 치열해져 가격은 이내 100달러 내외로 떨어졌다.

마이크로프로세서에 기반한 최초의 컴퓨터 — 당시

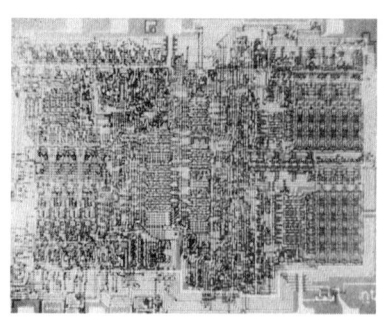

◀ 최초의 '칩 속의 컴퓨터'였던 인텔 4004 마이크로프로세서 (1971년).

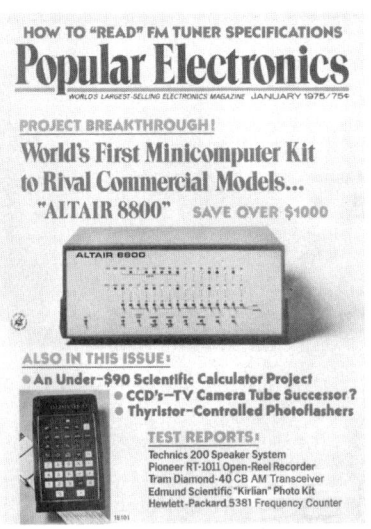

▶ 출시 직후인 1975년 1월 잡지에 실린 알테어 광고. 초기 알테어는 온-오프 스위치와 네온 점등관이 전면에 달린 본체가 전부였다.

에는 이를 '마이크로컴퓨터(microcomputer)'라고 불렀다 — 가 등장한 것은 1975년 초였다. 에드 로버츠가 설립한 MITS라는 회사에서 인텔 8080 칩에 기반해 만들어낸 알테어(Altair) 8800이 그것이었다. 알테어의 가격은 397달러로, 우편주문을 통해 조립 키트 형태로 판매되었으며 구매자는 이를 스스로 조립해야 했다. 초기의 알테어는 오늘날의 PC와 외양이 전혀 유사하지 않았다. 마이크로프로세서를 내장하고 전면에 여러 개의 온-오프 스위치와 네온 점등관을 갖춘 본체만 있었을 뿐, 모니터도 키보드도 없었고 메모리(256바이트)도 매우 부족했다. 사용자는 올렸다 내렸다 할 수 있는 온-오프 스위치를 이용해 2진부호로 직접 프로그램을 입력해야 했고 줄지어 늘어선 네온 점등관의 깜빡임을 통해 결과를 확인했다. 과장을 조금 보태어 말하자면, 초기의 알테어를 써서 할 수 있는 일이란 거의 아무것도 없다시피 했다. 그럼에도 불구하고 알테어는 출시되자마자 높은 인기를 누렸고, 석 달 만에

4000건의 주문이 폭주해 주문액만도 100만 달러에 달했다.

당시 쓰이던 대형 컴퓨터나 미니컴퓨터에 비해 조악하기 짝이 없고 '컴퓨터'라고 부르기도 힘든 알테어 같은 기계가 높은 인기를 누린 것은 컴퓨터 애호가(computer hobbyist)라고 불리던 이들의 존재를 빼놓고 생각할 수 없다. 이들은 대체로 전자산업과 관련된 분야에서 일하는 젊은 남성 전문직 종사자들로서, 20세기 초부터 거슬러 내려온 아마추어 무선전신 문화(ham culture)의 영향을 많이 받았으며, 연구소나 회사 등에서 미니컴퓨터를 써본 적이 있는 사람들이었다. 그러나 당시 미니컴퓨터는 개인이 구입하기에는 여전히 너무 비쌌기 때문에 그들은 신기술인 마이크로프로세서를 사용해 컴퓨터를 직접 조립하는 데 관심을 갖고 있었다. 알테어가 출시되자 그들은 여기에 부착할 수 있는 여러 가지 부가장치(추가 메모리, 텔레타이프 입력장치, 오디오카세트 레코더)와 소프트웨어를 직접 만들었다. 이와 함께 이러한 성과를 공유하기 위한 취미용 컴퓨터 문화가 빠른 속도로 확산되었고, 1975년 봄에는 컴퓨터 애호가들의 모임인 홈브루 컴퓨터 클럽(Homebrew Computer Club)* 이 실리콘밸리 인근의 멘로파크에서 첫 모임을 가졌다.

알테어와 같은 초기 마이크로컴퓨터의 등장과 확산에 영향을 미친 또하나의 흐름은 1970년대를 풍미했던 '컴퓨터 해방(computer liberation)'*의 주창자들이었다. 이들은 1960년대 말 미국의 대항문화(counterculture) 운동으로부터 영향을 받은 인물들로, 강한 반체제 정서를 가지고 한때 학생운동에 몸담았으며 공동체적 생활이나 히피 문화와 같은 대안적 생활양식에 친근한 인물들이 많았다. 이들은 특히 IBM과 같은 거대기업이 독점한 컴퓨터의 힘을 기층 민중이 공유할 수 있게 해야 한다고 생각했다. 이 운동의

홈브루 컴퓨터 클럽
실리콘밸리에서 만들어진 컴퓨터 애호가들의 모임으로 1975년부터 1977년까지 정례적인 모임을 가졌다. 참석자들이 컴퓨터에 관한 정보나 부품을 서로 교환하고 자신이 만든 컴퓨터를 들고와 선보이는 장소로서의 역할을 했다. 잡스와 워즈니악을 비롯해 이후 마이크로컴퓨터 회사를 창립하게 되는 많은 사람들이 이 클럽을 거쳐갔다.

컴퓨터 해방
1970년대 초의 젊은 세대가 공유했던 반체제 정서에 기반한 해방운동의 일환으로 특히 캘리포니아 지역에서 강하게 나타났다. 당시의 컴퓨터는 일반인이 접근하기도 힘들 뿐더러 모뎀과 단말기를 이용해 사용하는 비용도 시간당 10~20달러로 매우 비쌌는데, 컴퓨터 해방의 주창자들은 정부기관이나 대기업들에 의해 엄격하게 통제되고 있는 컴퓨터를 '해방'시켜 일반 사용자들이 저렴한 비용으로 이용할 수 있도록 해야 한다고 주장했다.

▶ 테드 넬슨이 자비로 출판한 『컴퓨터 해방』과 『꿈의 기계』의 표지. 컴퓨터를 일종의 '해방의 도구'로 사고하고 있었음을 엿볼 수 있다.

대표적 인물이었던 테드 넬슨(Ted Nelson)은 자비를 들여 『컴퓨터 해방 Computer Lib』, 『꿈의 기계 Dream Machines』 같은 책들을 출판해 자신의 생각을 알리기도 했다.

애플 컴퓨터와 PC의 대중화

초기의 마이크로컴퓨터는 몇 안 되는 컴퓨터 애호가들이 취미로 만지작거리는 기계 이상도 이하도 아니었고, 기존의 컴퓨터 회사들은 전혀 관심을 보이지 않았다. 이처럼 관련 전문직 종사자의 '취미용 기계'였던 마이크로컴퓨터가 오늘날과 같은 대중적 소비자 제품으로 탈바꿈하게 된 데는 스티브 잡스(Steve Jobs)와 스티븐 워즈니악(Stephen Wozniak)이 창립한 애플 컴퓨터(Apple Computer)의 공헌이 지대했다.

잡스와 워즈니악은 1971년 처음 만나 이내 절친한 친구가 되었다. 워즈니악은 어릴 때부터 전자공학에 재능을 보였고 자기 자신의 컴퓨터를 갖고 싶어했던 전형적인 컴퓨터 애호가였다. 반면 잡스는 전자공학에 취미가 있었지만 그보다는 1960년대 대항문화의 영향을 많이 받았으며, 그런 점에서 컴퓨터 애호가와 컴퓨터 해방이라는 두 문화적 흐름 사이에서 가교 역할을 했던 인물이라고 할 수 있다. 두 사람은 1975년 초 홈브루 컴퓨터 클럽에 나가기 시작했고, 그곳에서 워즈니악은 컴퓨터 애호가들이 직접 개조해 들고 온 알테어를 보고 자신도 기본 설계를 향상시킨 새로운 컴퓨터를 만들 수 있을 거라고 생각했다. 워즈니악은 수 주 동안의 집중적인 작업을 거쳐 MOS 6502 프로세서에 기반한 새로운 컴퓨터 — 잡스가 '애플'이라고 이름붙인 — 를 만들어냈다.

▲ 워즈니악(왼쪽)과 잡스(오른쪽)의 모습. 1975년 잡스 부모의 집 차고에서 찍은 사진이다. 두 사람은 이곳에서 애플 컴퓨터를 창업했다.

아직 케이스도 키보드도 전원공급장치도 없는 조악한 기계에 불과했던 '애플'에 엄청난 상업적 가능성이 숨어 있음을 감지한 것은 잡스였다. 그는 워즈니악을 설득해 1976년 4월 공동으로 애플 컴퓨터를 설립했고, 컴퓨터 애호가들을 상대로 수백 대의 애플 I 컴퓨터를 만들어 팔았다. 그러나 잡스는 컴퓨터를 소수 애호가들만이 아닌 일반대중에게 전파시키겠다는 강한 열정을 지니고 있었고, 이러한 자신의 신념에 기반해 새로운 컴퓨터인 애플 II의 설계방향을 워즈니악에게 제시했다. 마이크로컴퓨터가 일반대중에게 호소력을

▼ 최초로 만들어진 애플 I의 모습(1976년).

MS-DOS

마이크로소프트가 1980년에 IBM과 계약을 맺고 IBM PC에 공급한 컴퓨터 운영체제(OS)의 이름이다. 이후 IBM 호환 PC가 사실상의 표준으로 자리잡으면서 MS-DOS 역시 1980년대에 가장 널리 쓰인 운영체제가 되었다. 명령어를 직접 입력해 프로그램을 구동하는 방식으로, 1990년대 중반 이후 그래픽 사용자 인터페이스(graphic user interface)를 구현한 윈도 운영체제에 의해 대체되었다.

갖기 위해서는 (조립할 필요가 없이) 플라스틱 케이스에 담겨 그 자체로 완결된 제품으로 판매되어야 하고, 다른 가전제품과 마찬가지로 가정의 전원에 그냥 꽂아 쓸 수 있는 전원공급장치를 갖추어야 하고, 데이터를 입력할 키보드와 결과를 볼 수 있는 스크린이 있어야 하고, 데이터와 프로그램을 담아 둘 저장장치가 있어야 하고, 무엇보다도 일반인들에게 쓸모가 있는 소프트웨어를 담고 있어야 한다는 것이 잡스의 생각이었다. 이러한 요구조건에 맞추어 워즈니악과 애플 사의 엔지니어들이 설계한 애플 II 컴퓨터(가격 1298달러)는 1977년 4월 시장에 나오자마자 대성공을 거두었고, 1980년까지 12만 대가 팔려 마이크로컴퓨터의 대중화에 결정적인 기여를 했다.

뒤이어 컴퓨터 업계의 거두 IBM이 마이크로컴퓨터 시장에 진입했다. IBM은 이전까지 자사의 컴퓨터 개발방식과는 정반대로 컴퓨터의 모든 구성요소 제작을 외부의 하청업체에 맡기는 이례적인 행보를 취했다. 1981년에 IBM은 인텔의 16비트 마이크로프로세서와 마이크로소프트(Microsoft)의 MS-DOS*를 장착한 모델

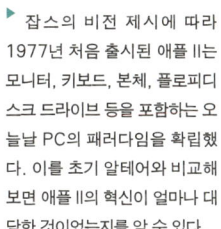

▶ 잡스의 비전 제시에 따라 1977년 처음 출시된 애플 II는 모니터, 키보드, 본체, 플로피디스크 드라이브 등을 포함하는 오늘날 PC의 패러다임을 확립했다. 이를 초기 알테어와 비교해 보면 애플 II의 혁신이 얼마나 대담한 것이었는지를 알 수 있다.

을 출시해 마이크로컴퓨터 시장에 일종의 '산업 표준'을 제공했다. IBM은 자사의 마이크로컴퓨터에 '퍼스널 컴퓨터'라는 이름을 붙였는데, 이는 이후 개인이 이용하는 마이크로컴퓨터를 가리키는 일반명사로 자리잡게 된다. IBM PC는 1983년까지 100만 대가 넘게 팔렸고, IBM이 컴퓨터의 사양을 공개해 누구나 IBM PC의 복제품을 만들어 팔 수 있게 함으로써 PC의 확산은 더욱 촉진되었다. 『타임』지는 1983년에 올해의 '인물'로 컴퓨터를 선정해 PC의 대중화 시대가 도래했음을 알렸다.

◀ 컴퓨터를 '올해의 인물', 아니 올해의 '기계'로 선정한 1983년 『타임』지 표지.

컴퓨터의 역사, 그 뒤에 숨은 사회문화적 맥락

디지털 컴퓨터는 처음 모습을 드러낸 제2차 세계대전 이후 놀라운 발전을 거듭했고, 이러한 변화에 있어 하드웨어의 발전은 매우 중요한 한 축이었다. 그러나 컴퓨터가 어떠한 변화과정을 거쳐 오늘날 우리가 사용하는 것과 같은 형태를 갖게 되었는가 하는 문제는 제2차 세계대전 이후의 정치 · 사회 · 문화적 배경을 빼놓고는 제대로 이해할 수 없다. 1950년대의 대형 컴퓨터가 실시간 컴퓨팅을 강조하게 된 이유는 미–소의 대립이라는 냉전적 맥락 때문이었으며, 1970년대 들어 개인용 컴퓨터가 등장한 배경에는 미니컴퓨터를 이용하면서 애착을 갖게 된 컴퓨터 애호가들의 독특한 취미 문화와 "IBM의 힘을 민중에게!"라는 구호를 내걸었던 컴퓨터 해방 운동가들의 저항 문화가 있었다. 이 때문에 1950년대의 컴퓨터는 과학적·공학적 목적으로 요구되었던 것 이상으로 빠르게 발전했으며, 1970년대의 컴퓨터 이용자들은 얼른 보기에 도저히 컴퓨터라고 부를 수도 없어 보이는 기계를 열광적으로 수용하고 이를 발전시켜 오늘날과 같은 컴퓨터 문화를 형성해 나갔던 것이다.

6. 인터넷의 등장과 네트워크 사회의 도래

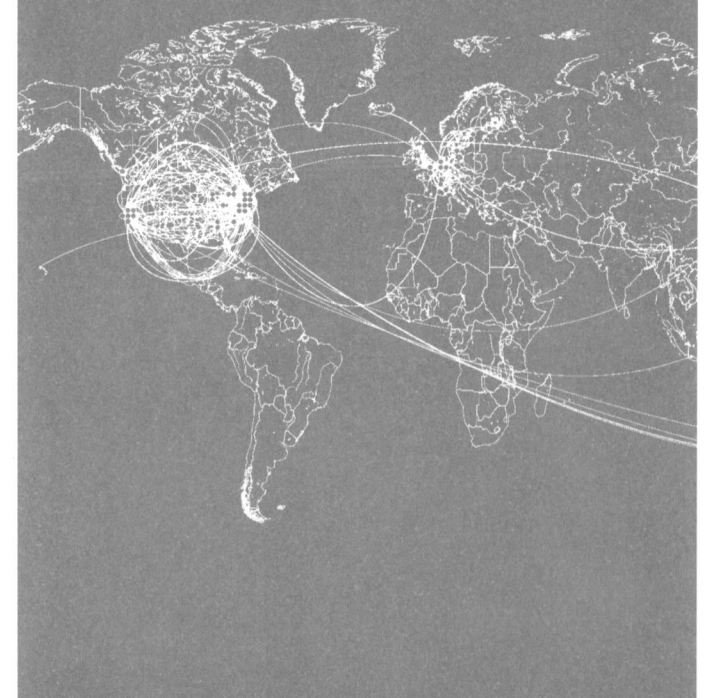

오늘날 사람들은 인터넷에 연결된 PC를 통해 새로운 정보를 얻고, 각종 업무를 처리하며, 다양한 오락을 즐긴다. 인터넷은 대중화된 지 불과 10여 년 만에 전화, 라디오, TV 등 기존의 여러 매체들까지 그 속에 끌어들이면서 휴대전화와 함께 새로운 정보통신 네트워크의 근간으로 자리를 잡았다. 그러나 1990년대 중반쯤에 인터넷이 갑자기 '하늘에서 떨어진' 것은 아니었다. 인터넷이 폭발적으로 성장하기 이전에 이미 PC를 서로 연결하는 상업적 네트워크들이 활발하게 이용되고 있었고, 인터넷 기술이 오늘날과 같은 모습을 갖게 되는 과정에서도 초기 기술의 개발자들이 미처 내다보지 못한 수많은 우여곡절이 있었다.

PC 통신 시대의 개막

일반인들이 자신이 가진 PC로 네트워크에 접속해 유용한 정보를 얻기 시작한 것은 1980년대에 널리 이용된 소비자 네트워크(consumer network) — 한국식 표현으로는 'PC 통신' — 가 시발점이었다. 1980년대에 가장 인기를 누린 소비자 네트워크는 컴퓨서브(CompuServe)였다. 컴퓨서브는 원래 기업체들을 대상으로 시분할 방식을 이용한 컴퓨팅 서비스를 제공하던 회사였는데, 1970년대 말에 PC가 널리 보급되자 일반 컴퓨터 애호가들에게도 서비스를 확대했고 이내 좋은 반응을 얻었다. 컴퓨서브는 일반인들을 위한 다양한 컨텐츠를 제공해 높은 인기를 누렸는데, 사용자들은 시간제로 요금을 지불하고 컴퓨서브에 접속해 신문 기사를 읽거나 컴퓨터 게임을 하거나 전자 메일을 보내거나 대화방에서 채팅을 할 수 있었다. 컴퓨서브 사용자 수는 1984년에 13만 명, 1990년에는 60만 명으로 늘어났고, 이를 이용해 누릴 수 있는 서비스도 홈뱅킹, 호텔 예약, 영화 리뷰 읽기 등 수천 가지에 달하게 되었다.

뒤이어 1980년대 중반에는 아메리카 온라인(AOL)이 소비자 네트워크 시장에 새로 뛰어들었다. AOL은 사용자 친화적인 인터페이스를 제공해 호평을 받았고 얼마 안 가 컴퓨서브의 강력한 경쟁자로 부상했다. AOL은 네트워크 접속 소프트웨어를 플로피디스크나 CD-ROM에 담아 컴퓨터 잡지에 끼워주는 참신한 판촉방식을 앞세워 시장을 확대해 나갔고, 1995년 말이 되면 미국과 유럽에 걸친 사용자 수가 450만 명에 달하게 되었다. 이와 같은 컴퓨터 네트워킹의 확대에 자극받아 컴퓨터 업계의 맹주 마이크로소프트도 1995년 윈도 95의 출시와 함께 MSN이라는 새로운 네트워크를 출범시켰다. 그러나 마이크로소프트의 시도는 뒤늦은 것이었다. 1990년대 초반부터 사람들의 입에 점차 오르내려온 인터넷이 바로 이해를 전후해 폭발적인 성장을 시작했고 이내 컴퓨터 네트워크의 대명사로 자리를 잡게 되었기 때문이다.

인터넷의 냉전적 기원: 아르파넷

인터넷이 본격적으로 인구에 회자되기 시작한 것은 1990년대의 일이지만, 그 전사(前史)는 1960년대까지 거슬러 올라간다. 1960년대 초에 미국 국방부 소속으로 기초연구 지원을 담당하는 기구인 고등연구계획청(Advanced Research Project Agency, ARPA)은 산하의 연구소들에 있는 컴퓨터들을 서로 연결하는 네트워크, 일명

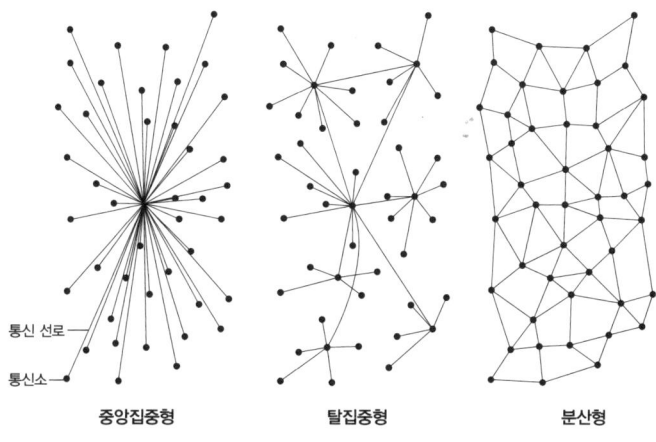

▶ 폴 배런이 제시한 네트워크 형태의 비교 개념도. 중앙집중형보다 분산형 네트워크가 핵전쟁에서 살아남을 가능성이 높다고 보았다.

아르파넷(ARPANET)을 구상했다. 이 아이디어를 처음 떠올린 사람은 당시 ARPA의 정보처리국장을 맡고 있던 J. C. R. 릭라이더(J. C. R. Licklider)였다. 애초에 아르파넷을 만들기로 한 동기는 주로 경제적인 것이었다. ARPA의 컴퓨터들을 서로 연결함으로써 각각의 기관에 속한 연구자들이 다른 기관에 있는 컴퓨터와 그것에 설치된 특수한 프로그램을 이용할 수 있고, 컴퓨터에 걸리는 부하도 지리적으로 분산시켜 값비싼 대형 컴퓨터들을 좀더 효율적으로 이용할 수 있을 거라는 기대가 그것이었다.

릭라이더의 뒤를 이어 정보처리국장이 된 로버트 테일러는 1966년에 간단한 네트워크를 실험적으로 만들어보기로 결정하고 당시 컴퓨터 네트워킹에서 '떠오르는 별'이었던 래리 로버츠(Larry Roberts)를 아르파넷 구축의 책임자로 임명했다. 이를 위해 로버츠는 서로 멀리 떨어져 있는 컴퓨터들을 물리적으로 어떻게 연결할지, 또 이용료가 비싼 장거리 통신 선로를 어떻게 효율적으로 이용할지와 같은 기술적 문제들을 해결해야 했다. 이 문제들에 대한 해답은 의외의 곳에서 발견되었다. 1960년대 초에 국방부의 지원을 받는 싱크탱크인 랜드 연구소(RAND Corporation)의 연구원 폴 배런(Paul Baran)은 소련과의 핵전쟁이 일어날 때에도 파괴되지 않고 살아남을 수 있는 네트워크를 연구했는데, 이 과정에서 분산 네트워크(distributed network)와 패킷 교환(packet switching)의 개념을 선구적으로 제시했다.

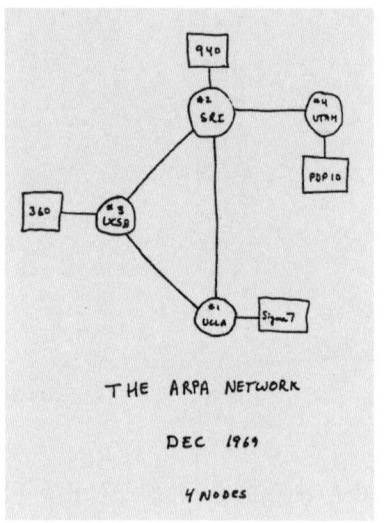

▸ 1969년 12월에 4개의 노드로 구성된 최초의 아르파넷.

분산 네트워크는 종래의 중앙집중형 네트워크와 달리 중심부가 파괴되어도 모든 통신 선로가 단절되지 않는 장점을 지녔다. 그리고 메시지를 '패킷'이라는 작은 단위로 나누고 각각에 주소를 붙여 전송한 후 수신측에서 다시 메시지를 재조립하는 패킷 교환 방식은 유사시에 조금이라도 많은 메시지를 전송하는 데 도움이 될 수 있었다. 이와 같은 배런의 선구적 연구를 뒤늦게 알게 된 로버츠는 이를 받아들여 아르파넷 구축의 기술적 문제를 해결하는 기초로 삼았다.

이러한 원리에 입각해 1969년 말에는 캘리포니아 대학교 로스앤젤레스 캠퍼스(UCLA), 캘리포니아 대학교 샌타바버라 캠퍼스(UCSB), 유타 대학교, 스탠퍼드 연구소 등 네 곳을 서로 연결하는 최초의 아르파넷이 구축되었다. 이후 ARPA의 지원을 받는 다른 컴퓨터 센터들도 속속 합류해 1971년 초에는 23대의 컴퓨터가 아르파넷에 편입되었다. 로버츠는 아르파넷에 가입하는 컴퓨터의 수를 더욱 늘리기 위해 1972년 가을 국제컴퓨터통신학술회의(ICCC)에서 아르파넷의 시연 행사를 열었고, 이후 대학과 연구기관들의 관심이 더욱 커지면서 4년 후에는 가입된 컴퓨터의 수가 111대로 늘어났다. 그러나 이때까지만 해도 네트워크의 성장 속도는 여전히 더뎠다.

네트워크의 연결과 월드와이드웹의 등장

컴퓨터 네트워크의 폭발적인 성장을 가져온 것은 전혀 뜻밖의 기능인 이메일(e-mail)이었다. 애초 아르파넷의 설계자들은 이메일을 중요한 용도로 생각하지 않았고, 초기의 아르파넷에는 이메일 기능도 없었다. 그러나 1971년 7월에 실험적인 이메일 시스템이 처음 도입된 이후 이메일은 컴퓨터 사용자들에게 엄청난 인기를 끌었고, 1975년에는 등록된 이메일 사용자 수가 1000명을 넘어섰다. 이메일은 우편에 비해 월등히 빠르면서도 전화와는 달리 통신하는 양측이 꼭 시간을 맞출 필요가 없었고 장거리 전화보다 비용도 훨씬 저렴했다. 이메일을 사용하기 위해 아르파넷에 편입되지 못한 기관들이 새로운 네트워크를 구성하는 일도 생겨났다. 1978년에 생겨난 유즈넷(Usenet)은 이메일 기능뿐만 아니라 같은 취미를 공유하는 사람들끼리 교류할 수 있는 뉴스그룹(newsgroup)이라는 새로운 게시판 기능을 선보여 인기를 끌었고, 기업과 정부기관들도 네트워크 구축에 가세하면서 텔넷(Telnet), 엔에스에프넷(NSFnet), 에듀넷(Edunet), 비트넷(Bitnet) 등이 1980년대 초까지 선을 보였다.

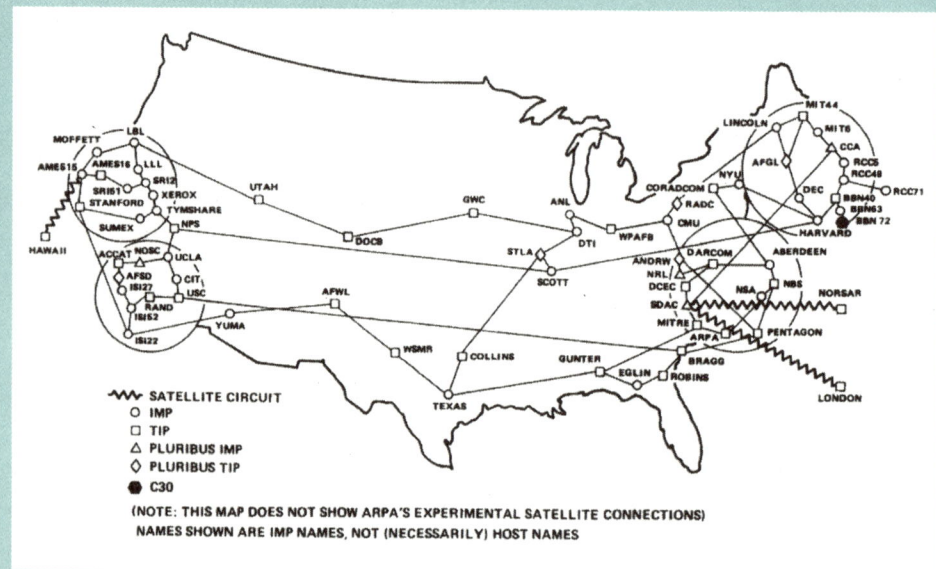
▲ 1980년까지 크게 확장된 아르파넷의 지리적 분포도.

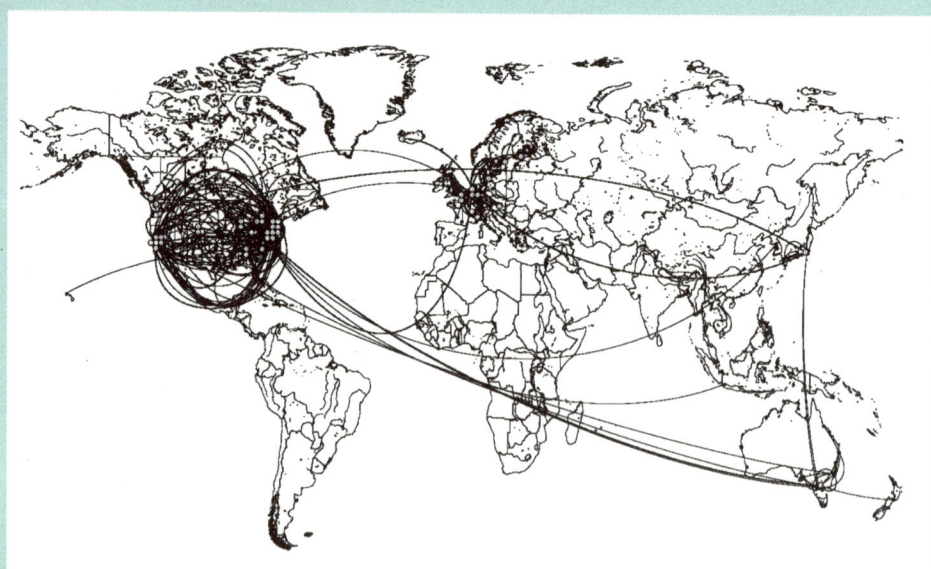
▲ 1986년 유즈넷의 지리적 분포도와 뉴스 이동로.

프로토콜

서로 다른 2대의 컴퓨터 혹은 네트워크간의 연결, 통신, 데이터 전송을 제어하고 가능케 하는 규약 내지 표준을 가리킨다. 통신 프로토콜은 인터넷을 가능케 하는 전제조건 중 하나로, 말하자면 전자공학에서의 에스페란토어 같은 것이라 할 수 있다.

팀 버너스리(1955~)

영국의 컴퓨터과학자로 1980년대에 유럽입자물리연구소에서 일하면서 월드와이드웹의 개념을 발명하고 1990년 12월에 최초 데이터 전송에 성공해 오늘날의 인터넷 시대를 열었다. 현재 웹의 발전을 관장하는 월드와이드웹 컨소시엄(World Wide Web Consortium)의 회장을 맡고 있다.

다양한 네트워크들이 속속 선을 보이면서 이러한 네트워크들을 서로 연결하는 일 — 인터네트워킹(internetworking) — 이 과제로 부각되었다. 이는 개별 네트워크에 속한 사람들끼리만 주고받을 수 있었던 이메일의 유용성을 증가시키기 위한 것이기도 했다. ARPA의 정보처리국은 1973년부터 이 문제를 알고 있었고, 서로 다른 네트워크들을 연결할 때 필요한 '프로토콜'*을 마련하는 작업에 나섰다. 빈튼 서프(Vinton Cerf)가 개발한 프로토콜인 TCP/IP(transmission control protocol/Internet protocol)는 이후 사실상의 표준으로 자리를 잡았고, 이를 써서 연결된 네트워크들의 총체는 네트워크들을 잇는 네트워크, 곧 인터넷으로 불리게 되었다.

그러나 인터넷의 기술적 표준이 마련되었음에도 불구하고 기존의 네트워크들끼리 연결되는 속도는 상당히 느렸다. 1984년까지도 인터넷에 연결된 '호스트' 컴퓨터의 수는 1000여 대에 불과했고, 대부분이 연구소나 대학의 이공계 학과들에서 쓰는 시분할방식의 중대형 컴퓨터들이었다. 이러한 상황에서 인터넷을 '대중화' 시킨 일등공신은 바로 유럽입자물리연구소(CERN)의 팀 버너스리(Tim Berners-Lee)*가 발명한 월드와이드웹(World Wide Web)이었다.

버너스리 자신이 설명했듯이, 월드와이드웹은 하이퍼텍스트(hypertext)의 개념을 인터넷상에서 구현해낸 것이었다. 여기서 하이퍼텍스트가 무엇인지 이해하려면 1980년대의 인터넷 문화를 먼저 알아둘 필요가 있다. 1980년대 말이 되면 전문직 종사자들 사이에 인터넷의 이용이 일반화되면서 이메일 사용만이 아니라 문서 전체를 인터넷상에 올려놓는 일도 자주 생겼고 문서를 검색해 찾는 도구들도 등장했다. 그런데 당시의 인터넷 문서들은 각각 독

립적인 개체들이어서 연결된 검색
이 불가능했다. 가령 인터넷에서
'전기 시스템'에 관한 문서들을 찾
아 읽고 이를 처음으로 구현해낸
사람이 토머스 에디슨임을 알게 되
었다고 하자. 이때 에디슨이 누구
인지를 알기 위해서는 '토머스 에
디슨'이라는 검색어를 넣어 다시 검
색을 해야만 했다. 반면 1960년대

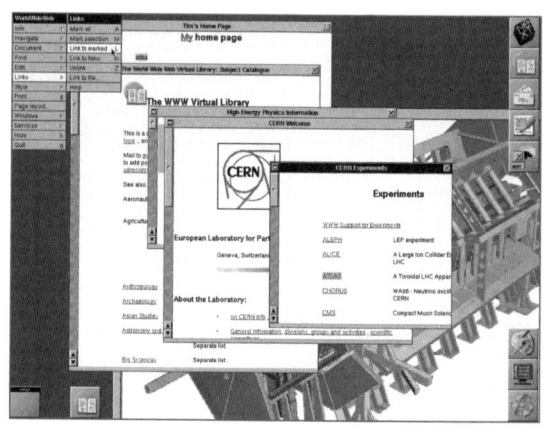

▲ 팀 버너스리가 처음에 만든 월
드와이드웹 브라우저.

에 이미 하이퍼텍스트 개념을 고안했던 테드 넬슨은 문서에서 문
서로 '뛰어넘는' 시스템을 머릿속에 그리고 있었다. 이는 '전기
시스템'에서 '토머스 에디슨'에 관한 문서로, 여기서 다시 '멘로파
크 연구소'를 다룬 문서로 계속 뛰어넘는 것을 가능하게 했다. 이
러한 하이퍼텍스트 개념은 문서들이 수많은 컴퓨터에 흩어져 있
는 인터넷에서는 특히 강력한 도구가 될 수 있었다.

버너스리는 CERN의 방문 연구원으로 있던 1980년대 초에 취
미로 '인콰이어(Enquire)'라는 하이퍼텍스트 프로그램을 만든 적
이 있었는데, 1984년에 CERN의 정식 연구원이 된 후부터는 '하
이퍼텍스트와 인터넷의 결합'을 이루어내는 일에 몰두하기 시작
했다. 그는 5년여 동안 시행착오를 거친 끝에 1989년 월드와이드
웹이라는 거창한 이름을 붙인 정식 프로젝트 제안서를 CERN에
제출했다. 이 제안서의 내용은 하이퍼텍스트 문서를 저장하고 있
는 서버 컴퓨터와 문서를 불러와 사용자의 화면에 띄워주는 클라
이언트 컴퓨터라는 양 측면으로 구성된 시스템을 구현하는 것이
었다.

인터넷 대중화가 던져준 새로운 기회와 문제

월드와이드웹은 1991년에 대중적으로 공표된 후 빠른 속도로 성장하기 시작했다. 여기에는 신뢰할 만한 서버 프로그램과 개인들이 이용할 수 있는 '웹브라우저(web browser)'가 등장한 것이 중요한 계기로 작용했다. 인터넷상에서 프로그래머들의 자발적인 참여로 만들어진 '아파치(Apache)' 서버 프로그램은 이후 오픈소스(open source) 운동으로 알려지게 될 프로그램 개발방식을 보여주었고, 일리노이 대학교 컴퓨터학과 학부생이었던 마크 안드리센(Marc Andreessen)이 만들어 배포한 모자이크(Mosaic) 웹브라우저는 얼마 안 가 다운로드 횟수가 수십만 번에 이르면서 월드와이드웹의 성장에 크게 일조했다. 또한 월드와이드웹 기술에 대한 특허를 출원하지 않고 이를 공공 영역에 두어 모든 사람이 무료로 이용할 수 있도록 CERN을 설득한 버너스리의 결단 역시 중요했다.

1994년 12월 모자이크의 뒤를 이은 넷스케이프(Netscape) 웹브라우저의 출시는 인터넷에서 월드와이드웹의 비중을 더욱 높여놓았다. 이 시기를 전후해 컴퓨터 네트워킹의 패러다임이 넘어가기 시작했다. 이전 시기를 풍미했던 폐쇄적인 소비자 네트워크에서 개방적인 인터넷 세계로의 전환이 시작된 것이었다. AOL이나 컴퓨서브 등 전통적인 소비자 네트워크들은 잘 구축되고 풍부한 컨텐츠를 보유하고 있었으나, 월드와이드웹이라는 새로운 세계로 안내하는 인터넷 서비스 제공업체(ISP)들과의 경쟁에서 점

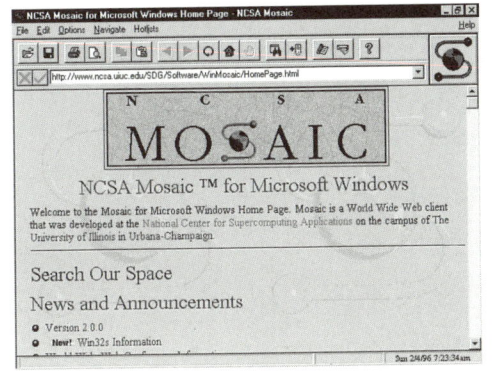

▼ 마크 안드리센이 만든 윈도용 모자이크 웹브라우저.

6. 인터넷의 등장과 네트워크 사회의 도래

차 밀리기 시작했다. 인터넷에 연결된 컴퓨터의 수는 1990년대 동안 폭발적으로 성장했는데, 1990년 가을에 31만 3000대에 불과하던 것이 1995년에는 1000만 대, 2000년에는 1억 대를 넘어설 정도로 증가 추세는 놀라운 수준이었다.

인터넷이 폭발적으로 성장하면서 월드와이드웹을 '항해'하기 위해 반드시 필요한 프로그램인 웹브라우저 시장에서 치열한 쟁투가 벌어졌다. 1995년경에는 넷스케이프의 우위가 절대적이었다. 넷스케이프는 이해 말까지 다운로드 횟수가 1500만 번에 이르며 시장의 70퍼센트 이상을 점유했고, 이해 여름에 공개 상장되면서 회사의 가치가 22억 달러로 폭등했다. 그러나 MSN으로 실패를 맛보고 뒤늦게 인터넷 시장에 뛰어든 후발주자 마이크로소프트의 추격도 만만찮았다. 마이크로소프트는 매년 1억 달러씩 연구개발비를 쏟아부으며 자사의 웹브라우저인 인터넷 익스플로러(Internet Explorer)의 개선판을 내놓았고, 익스플로러 4.0이 나온 1998년에는 넷스케이프와 기술적으로 동등한 수준에까지 도달했다. 익스플로러는 이해 출시된 윈도 98에서부터 컴퓨터 운영체제(OS)의 일부로 포함되어 제공되었기 때문에 사용자들에 대한 접근성도 훨씬 높았다. 이로 인해 넷스케이프는 시장에서 점유율이 크게 떨어지며 악전고투한 끝에 결국 AOL에 인수되는 운명을 겪었다. 넷스케이프와 인터넷 익스플로러 사이의 '브라우저 전쟁'은 마이크로소프트가 운영체제에서의 독점력을 남용했는지 여부를 놓고 미국 법무부와 마이크로소프트 사이의 반독점 소송으로 비화되기도 했다. 2000년에 나온 1심 판결은 마이크로소프트의 부당한 독점력 행사를 인정하면서 회사를 분할하라는 강경한 것이었으나, 이후의 항소심 판결은 마이크로소프트에 훨씬 더 낮은 수준의 징계

쿠키 파일

인터넷 사용자가 서버 컴퓨터에 접속할 때마다 사용자의 컴퓨터에 저장되는 작은 텍스트 파일이다. 이 파일은 웹브라우저를 통해 다시 서버 컴퓨터로 전송되어 사용자의 접속 정보를 파악하는 것을 가능하게 한다. 쿠키는 인터넷 사용자의 웹사이트 이용을 편리하게 만들어주기도 하지만, 사용자의 기호나 취향, 관심사를 드러낼 수 있다는 점에서 인터넷 프라이버시에 대한 우려를 낳고 있다.

인터넷 격차

개인이나 소속집단에 따라 인터넷을 통한 정보접근권이 불균등하게 분배되어 나타날 수 있는 차별의 양상을 일컫는 말이다. 가령 컴퓨터를 좀더 많이 소유한 중상류층과 그렇지 못한 저소득층은 인터넷 접속 기회에 차이가 있을 수 있으며, 컴퓨터를 잘 다루는 젊은층과 컴퓨터 이용을 생소하게 여기는 여성이나 노인층 사이에도 그런 차이가 나타날 수 있다. 이러한 정보접근에서의 불평등은 민주주의의 근간을 침식하고 소득격차를 더욱 벌려놓을 수 있다는 점에서 문제로 지적되고 있으며, 세계 각국은 정책적 대응을 통해 이 문제를 해결하기 위해 애쓰고 있다.

를 내리는 것으로 약화되었다.

한편 1990년대 중반 이후 인터넷의 폭발적인 성장은 새로운 사업 기회의 제공으로도 이어졌다. 인터넷이 각종 상품과 서비스를 사고팔 수 있는 새로운 공간으로 자리매김하게 된 것이다. 야후!(Yahoo!)는 원래 컴퓨터과학을 전공하는 2명의 대학원생 데이비드 파일로(David Filo)와 제리 양(Jerry Yang)이 만든 목록 서비스로 시작했다가 오늘날 세계 최대의 포털 사이트로 성장했고, 1995년에 제프 베조스(Jeff Bezos)가 만든 온라인 서점 아마존닷컴(Amazon.com)은 단지 책을 팔고 사는 공간을 넘어 책에 대한 다양한 정보와 다른 사람의 리뷰를 접할 수 있는 일종의 가상공동체로 발전했다. 이베이(eBay) 경매 사이트는 인터넷이라는 쌍방향 매체의 특징을 잘 이용한 전자상거래의 모델을 제시해 엄청난 인기를 누렸고, 2003년에는 전세계적으로 이용자 수 3000만 명에 매출액은 200억 달러에 달하는 엄청난 규모를 자랑하게 되었다. 이러한 인터넷 기업들이 이끈 이른바 '닷컴' 열풍은 2000년 주가 폭락으로 한때 시련을 맞았지만, 현재까지도 그 추세를 계속 이어가고 있다.

인터넷의 확산은 새로운 기회뿐 아니라 새로운 쟁점과 문제들도 야기했다. 스팸(spam) 메일과 포르노 웹사이트의 범람, 쿠키(cookie) 파일*을 이용한 소비자 정보의 수집과 전자 프라이버시 문제, 인터넷에 대한 접근도 차이가 야기하는 새로운 차별인 '인터넷 격차(internet divide)'*, 음악 파일 공유 프로그램인 냅스터(Napster) 사건에서 잘 드러난 인터넷상의 지적재산권 분쟁 등은 인터넷이 상징하는 공유와 개방의 문화를 위협하는 요소들이다. 이는 우리 모두가 앞으로 현명하게 대처해 나가야 할 문제이다.

7

냉전이 잉태한 우주개발 경쟁

20세기 들어 지구를 떠나 우주공간으로 진출하려는 인류의 오랜 꿈은 마침내 현실로 탈바꿈했다. 그러나 이러한 꿈의 현실화는 로켓 기술의 '자연스러운' 발전이 이뤄낸 것이라기보다는 냉전기의 치열한 체제 경쟁이 낳은 부산물에 더 가까웠다. 1957년 소련이 최초의 인공위성인 스푸트니크를 발사한 이후 미국과 소련은 우주개발에서 앞서거니 뒤서거니 치열한 경쟁을 벌였고, 결국 미국이 한 발 앞서 달에 사람을 보냄으로써 결정적인 '승리'를 거두었다. 그러나 제2차 세계대전과 냉전의 그늘은 우주개발 경쟁이 본격적으로 시작된 뒤는 물론이고, 우주개발의 시발점에서부터 짙게 드리워져 있었다.

로켓 연구의 선구자들과 V-2 로켓의 유산

현대적인 의미의 로켓 연구가 시작된 것은 쥘 베른과 H. G. 웰스 같은 SF 작가들의 영향을 받은 콘스탄틴 치올코프스키(Konstantin Tsiolkovski, 러시아)나 로버트 고더드(Robert Goddard, 미국), 헤르만 오베르트(Hermann Oberth, 독일) 같은 1세대 '선각자' 내지 '몽상가'들이 우주 비행을 꿈꾸기 시작한 19세기 말~20세기 초의 일이다. 이들은 인간이 지구의 중력을 벗어나 우주로 나갈 수 있는 방법과 우주공간에서 일어날 수 있는 상황들을 이론적으로 논의했는데, 특히 1883년 치올코프스키가 발표한 「자유 공간 *Free Space*」은 그런 내용을 담은 선구적인 글로 손꼽힌다. 그들은 자신들의 꿈을 실현시켜줄 수 있는 유일한 수단인 로켓 연구에 집착했고 그 결과물을 특허로 출원하기도 했다. 그러나 나중에 가서 '우

◀ 자신이 만든 세계 최초의 액체
로켓 앞에서 포즈를 취하고 있는
로버트 고더드(1926년).

주항행학의 아버지' '우주시대의 문을 열어젖힌 인물' 같은 찬사를 받게 됨에도 불구하고, 그들은 살아 생전 대부분의 기간 동안 허무맹랑하고 비과학적인 주장을 하는 인물로 동시대인들의 조롱과 질타를 받았다. 심지어 고더드 같은 인물은 언론과 대중의 '관심'으로부터 벗어나기 위해 자신의 연구 진행과정을 철저하게 비밀로 했고 연구결과도 거의 공표하지 않았다.

로켓에 대한 이러한 인식이 바뀌게 된 것은 제2차 세계대전 말에 독일이 내세운 '비밀 무기' V-2 로켓이 탄도미사일의 군사적 활용 가능성을 입증했기 때문이었다. V-2 로켓의 기원은 제2차 세계대전이 터지기 이전인 1920년대로 거슬러 올라간다. 1927년에 독일 로켓 연구의 선구자 오베르트는 아마추어 로켓 클럽인 우주여행협회(Verein für Raumschiffahrt)를 창립해 책을 발간하고 로켓 시연회를 여는 등 활발한 활동을 펼치기 시작했다. 그런데 우주여행협회의 활동은 당시 베르사유 조약에 어긋나지 않는 무기의 개발을 모색하고 있던 독일 군대의 눈길을 끌었다. 이에 독일 포병대 대위였던 발터 도른베르거는 우주여행협회를 방문해 로켓 개발 계약을 맺었는데, 이 작업을 담당했던 것이 1929년 협회에 가입한 젊은 베르너 폰 브라운(Wernher von Braun)이었다. 폰 브라운이 처음 만든 로켓은 실패로 돌아갔지만, 도른베르거는 폰 브라운의 열정에 감명받아 그를 새로 만든 군 내부의 로켓 부서에 고용했다. 폰 브라운은 여기서 곧 두각을 나타내 얼마 후에는 도른베르거의 로켓 연구팀을 이끌게 되었다. 그들은 1932년 말에 A-2로 명명한 로켓을 2킬로미터 상공까지 쏘아 올리는 데 성공을 거두었고, 이 성공을 발판으로 군에서 더 많은 지원을 받을 수 있게 되었다.

군 로켓 프로그램의 규모가 커지면서 폰 브라운 팀은 발트 해 연안의 외진 마을인 페네뮌데에 로켓 개발기지를 만들었다. 그들은 이곳에서 1942년 말 A-4 로켓의 시험 발사에 성공했다. 알코올과 액체산소를 연료로 하는 A-4 로켓은 시험 발사에서 100킬로미터 고도까지 올라간 세계 최초의 탄도미사일로 기록되었다. 이후 히틀러에 의해 V-2로 재명명된 A-4 로켓은 대량생산체제를 갖추었고, 1944년 9월부터 4300기의 V-2 로켓이 영국과 벨기에 등지의 연합군을 목표로 발사되어 상당한 피해를 입혔다. 제2차 세계대전 말기에 V-2 로켓은 미텔베르크의 폐광 지대에 은폐된 공장에서 연합군 포로 등 노예노동을 이용해 생산되었는데, 극도로 열악한 작업 환경으로 인해 V-2 로켓의 희생자보다 더 많은 사람들이 V-2 제조 공장에서 죽어가는 아이러니를 낳기도 했다.

V-2 로켓은 너무 늦게 전쟁에 투입되어 비록 전세를 뒤집지는 못했지만 미국을 포함한 연합군 측에 강한 인상을 남겼다. 이 때문에 전쟁 말기에는 독일의 V-2 로켓 개발의 유산을 선점하기 위한 미국과 소련의 쟁투가 치열하게 전개되었다. 이 경쟁에서는 소련 측을 불신한 폰 브라운이 자신의 팀과 장비를 이끌고 미국에 투항함으로써 사실상 미국이 유산의 핵심 내용을 독식했다. 폰 브라운은 A-4 로켓뿐 아니라 인공위성 발사나 우주 비행, 행성간 여행을 실현시키려는 원대한 야망을 담은 A-5에서 A-12에 이르는 거대한 로켓들도 설계해놓고 있었는데, 그가 미국으로 가면서 이런 아이디어들도 함께 따라갔다.

▲ 페네뮌데 기지에서 발사되는 V-2 로켓.

미-소 우주개발 경쟁의 냉전적 맥락

제2차 세계대전에 종지부를 찍은 것은 독일의 비밀 무기 V-2 로켓이 아니라 미국이 개발한 신무기인 원자폭탄이었다. 그런데 애초 히틀러를 견제하기 위해 미국이 다급하게 개발한 원자폭탄의 성공은 전후 체제에 예기치 못한 결과를 가져왔다. 미국의 원자폭탄 독점이 미-소간의 힘의 균형을 무너뜨렸다고 인식한 소련이 원자폭탄의 개발과 함께 미국 본토를 직접 공격할 수 있는 장거리

대륙간 탄도미사일

포물선을 그리며 날아가는 탄도미사일 가운데 5500킬로미터 이상의 사정거리를 갖는, 가장 멀리 날아가는 미사일을 가리킨다. 주로 핵탄두를 실어나르기 위한 용도로 개발되었고, 엄청난 속도와 긴 사정거리 때문에 핵전쟁에서 가장 위협적인 무기로 간주된다. 초기의 대륙간 탄도미사일은 우주선 발사 시스템을 이루는 근간으로서의 역할도 했다.

미사일 개발에 전력을 기울이기 시작했던 것이다. 전쟁이 끝난 후 소련 측의 연구개발 총책임을 맡은 세르게이 코롤료프(Sergei Korolyov)는 일차적으로 미국에 빼앗긴 독일의 로켓 개발 수준을 따라잡는 데 전력을 기울였다. 뒤이어 그는 1949년에 이미 V-2를 넘어서는 사정거리를 가진 중거리 미사일 T-1을 개발했고, 1954년부터는 1만 킬로미터 이상을 비행할 수 있는 대륙간 탄도미사일(ICBM)*의 개발에 본격 착수했다.

이러한 군사적 노력은 로켓 개발이 가진 또다른 측면, 즉 우주비행에 대한 꿈을 소련에서 부활시키는 '부수적' 효과를 낳았다. 소련 당국은 수소폭탄 개발에 성공한 후 체제 경쟁을 군사적 측면 외에 경제적 생산성, 과학의 진보, 제3세계에 대한 영향력 등 모든 측면으로 확대할 것을 선언했는데, 인공위성의 발사는 소련 체제의 우수성을 선전하려는 소련 당국의 의도에 잘 들어맞았던 것이다. 1957년 8월 최초의 ICBM인 R-7 로켓이 경도 100도를 날아가 태평양에 착수하는 데 성공을 거두자, 소련 당국은 이 사실을 대외적으로 공표하는 한편으로 R-7 로켓을 이용해 인공위성을 쏘아 올리는 코롤료프의 계획을 승인했다. 결국 역사상 최초의 인공위성 스푸트니크는 장거리 미사일 개발과정에서 모습을 드러낸 '부산물'인 셈이었고, 바로 그 미사일에 실려 1957년 10월 4일 발사에 성공했다.

냉전 초기의 로켓 개발에서 미국이 소련에 뒤처진 이유는 부분적으로 군사적 필요성의 차이에서 비롯된 것이었다. 제2차 세계대전 직후의 시점에서 미국은 원자폭탄을 독점적으로 보유하고 있었고, 소련 본토까지 원자폭탄을 실어나를 수 있는 장거리 폭격

▼ 유리 가가린(왼쪽)과 소련 측 로켓 개발의 총책임자였던 세르게이 코롤료프(오른쪽). 로켓 개발 과정에서 코롤료프의 신원은 소련 당국에 의해 철저하게 베일에 가려졌다.

기를 이미 보유하고 있는데다 서유럽에 미군 기지도 여럿 있어 사정거리가 긴 미사일을 개발하는 데 높은 우선순위를 둘 이유가 없었다(반면 소련은 한번도 그런 전술적 우위를 누려보지 못했다. 1959년 쿠바의 공산화가 그런 기회를 제공했지만 제3차 세계대전 문턱까지 다다랐던 1962년의 '쿠바 미사일 위기'로 인해 좌절을 맛본 것은 유명한 일화이다). 이런 이유들 때문에 미국으로 이주한 '전쟁 포로' 폰 브라운 팀은 1948년 로켓 개발 예산이 크게 축소되면서 초기에 예산 부족으로 악전고투를 했다. 미국에서는 1949년 소련의 원자폭탄 개발과 1950년의 한국전쟁 발발을 계기로 군사적 연구개발 예산이 폭증했고, 수소폭탄 개발에 성공한 직후인 1954년부터는 ICBM 개발에 높은 우선순위를 부여하기 시작했다. 그러나 미국의 로켓 개발은 육군, 해군, 공군이 서로를 심하게 견제하면서 각자 독자적인 계획을 진행해 효율적으로 이뤄지지 못했고 결국 대규모 로켓 개발에서 소련에 크게 뒤지는 결과를 초래했다.

▲ R-7 로켓에 실려 발사되기 직전의 스푸트니크.

소련의 스푸트니크 발사는 사람 몸무게 정도 나가는 쇳덩어리가 삑삑거리는 신호를 내며 지구 주위를 새로 돌게 된 '조그마한' 사건에 불과했지만, 냉전 초기의 미국에 군사·과학·심리적인 측면에서 엄청난 파장을 미쳤다. 스푸트니크 그 자체가 제기하는 당장의 군사적 위협은 거의 없었지만, 그것을 우주공간에 쏘아올린 로켓은 핵탄두를 미국 본토로 곧장 겨냥할 수 있는 강력한 미사일이기도 했기 때문이다(여기에는 인공위성이 미국 상공을 통과할 때 원자폭탄을 '떨어뜨릴' 수도 있다는 식의 터무니없는 오해도 한몫을 했다). 언론은 이러한 위협을 크게 과장해 보도했고, 당시 상원 청문회에서 나왔던 표현을 빌려 이를 '기술적 차원의 진주만(technological Pearl Harbor)'이라고 불렀다.

이와 아울러 위협으로 작용했던 것은 제3세계에 대한 소련의 선전 공세였다. 소련은 우주기술에서 뒤떨어진 미국이 신뢰할 만한 우방이 되지 못한다고 선전하면서 냉전기의 세력 재편을 시도하고 있었다. 따라서 우주개발에서 소련을 따라잡는 것은 '국가 안보'를 위한 것이기도 했지만, 국제사회에서 짓밟힌 국가적 자존심을 되찾고 이른바 '자유 진영'과 '공산 진영'의 세력 균형을 유지하기 위해서도 극히 긴요한 과제였다. 이즈음부터 우주개발은 실질적 유용성을 넘어 이데올로기적 중요성을 갖게 되었다. 미국은 소련에 '뒤떨어진' 과학 연구와 교육을 개혁하기 위한 대대적인 지원 프로그램을 마련하는 한편으로, 군 내부의 경쟁을 넘어선 민간 우주기구로 기존의 항공자문위원회(NACA)를 대체하는 항공우주국(NASA)을 설립하고 유인 우주 프로그램인 머큐리 계획을 발표해 짓밟힌 자존심 회복을 노렸다. 그러나 1961년 4월 소련이

▶ 스푸트니크 발사 이후 한 미국 신문에 실린 만평. 제3세계를 자기 편으로 끌어들이기 위해 소련과 미국이 벌이던 각축전에서 스푸트니크가 적지 않은 영향을 미쳤음을 볼 수 있다.

▶▶ 로켓 개발을 놓고 미국 내에서 육군, 해군, 공군 사이의 경쟁이 극심했음을 풍자한 만평. 1958년 로켓 개발을 담당하는 민간 기구인 항공우주국이 창립된 것은 이런 인식이 반영된 결과였다.

유리 가가린이 탄 유인 우주선 보스토크 1호를 먼저 쏘아올려 지구 궤도비행을 성공시킴으로써 미국의 자존심은 다시 한번 크게 손상을 입게 되었다.

   미국은 그로부터 한 달 뒤 최초의 머큐리 유인 우주 비행을 성공시켜 체면을 세운 후, 곧이어 케네디 대통령이 1960년대가 끝나기 전에 인간이 달에 발을 디디고 돌아올 수 있게 하겠다는 일명 '달을 향하여(Destination Moon)' 선언을 내놓았다. 이를 위해 미국은 2인승 우주선인 제미니 계획과 3인승 우주선이자 달 착륙을 위한 아폴로 계획을 구상해 차례로 현실에 옮겼다. 1960년대 초에는 지극히 비현실적으로 여겨졌던 달 착륙이라는 목표의 실현을 위해 미국은 1960년대 내내 천문학적인 규모의 돈을 퍼부었다. 아폴로 계획에만 도합 250억 달러(요즘 화폐가치로 1350억 달러)에 달하는 자금이 소요되었는데, 계획이 절정에 달했을 때 NASA는 연방정부 예산의 4퍼센트나 되는 돈을 잡아먹었다(제2차 세계대전 후반에 사력을 다해 추진되었던 원자탄 개발계획인 맨해튼 계획이 '고작' 20억 달러의 돈을 쓴 것과 비교해보라). 이런 엄청난 투자는 1968년 12월 아폴로 8호가 처음으로 달의 뒷면을 돌아오는 데 성공하고, 1969년 7월 아폴로 11호가 달 착륙을 이뤄냄으로써 애초의 목표를 달성했다.

우주개발에 대한 문제 제기와 유인 우주 프로그램의 쇠퇴

아폴로 11호의 달 착륙과 선장인 닐 암스트롱의 유명한 경구 ― "한 인간에게는 작은 걸음이지만, 인류에게는 거대한 도약이다."

▶ 달로 향하는 아폴로 11호를 실은 새턴-5 로켓의 발사 장면.

— 는 미국인들뿐만 아니라 당시 TV를 지켜보고 있던 전세계의 많은 사람들을 열광시켰다. 그러나 만사를 제쳐두고 달에 먼저 착륙해야 한다는 식의 아폴로 계획이 모든 이들의 지지를 받았던 것은 아니었다. 아폴로 계획 초창기에 상당수의 저명한 과학자와 정치인 들은 달에 서둘러 가야 할 하등의 이유가 없다고 주장하면서, 아폴로 계획이 고용, 의료, 교육과 같이 좀더 가치 있는 사회적 목표에 들어가야 할 자금과 인력을 빨아들이고 있다고 비판의 목소리를 높였다. 이런 반대의사를 실제 행동으로 옮긴 사람들도 있었다. 아폴로 11호가 발사되기 전날에 마틴 루터 킹의 후계자인 민권운동가 랠프 애버내시 목사가 이끄는 흑인 시위대는 케이프 케네디의 발사 현장으로 찾아가 항의 시위를 벌였다. 애버내시는

미국인의 5분의 1이 제대로 된 음식·의복·주거·의료 서비스조차 얻지 못하고 있는 상황에서 수백억 달러를 우주 모험에 쓰는 '기괴한 사회적 가치'를 성토했다.

아폴로 11호의 달 착륙 이후 대중의 관심이 급격히 수그러들면서 유인 우주 계획은 빠른 속도로 쇠퇴하기 시작했다. 소련은 미국이 이룬 달 착륙을 따라할 의사가 없다고 선언했고, 1972년에 발사된 아폴로 17호를 마지막으로 원래 예정되었던 비행들(18, 19, 20호)이 취소되면서 아폴로 계획은 종말을 고했다. 1970년대에 NASA는 예산이 크게 줄면서 악전고투를 거듭했고, 아폴로 계획의 뒤를 잇는 유인 우주 프로그램으로 구상된 우주왕복선과 우주정거장은 대중의 관심 면에서나 경제성과 성과 면에서 모두 실패라는 판정을 받았다. 우주왕복선은 기체를 재사용해 우주 비행에 드는 비용을 절감할 수 있을 것으로 기대되었으나 실제 경제성은 애초 기대에 훨씬 못 미쳤다. 우주왕복선 계획을 추진했던 사람들은 머지않아 우주왕복선이 1~2주에 한 번꼴로 비행하게 될 것이고, 이를 이용해 지구 궤도까지 인공위성과 같은 화물을 실어나르는 데 드는 비용도 빠르게 내려갈 거라며 낙관적인 태도를 보였지만, 현실에서 우주왕복선은 1년에 너댓 번 정도 비행하는 데 그쳤고 1회 비행을 위해 5억 달러의 비용이 소요되는 '돈 먹는 하마'라는 비판을 받고 있다.

국제우주정거장* 역시 밑빠진 독에 물붓기 식의 대표적 실패 사례로 꼽는다. 1984년에 레이건 대통령이 우주정거장 계획을 처음 발표했을 때는 완성까지 8년의 기간이 소요되며 비용은 90억 달러가 들어갈 것으로 예상되었다. 우주정거장은 인간의 영구적인 우주 체류의 시발점이자 무중력 상태를 이용한 의약품의 대량

국제우주정거장
미국, 러시아, 일본, 캐나다, 그리고 11개 유럽 국가들이 공동으로 우주공간에 건설하고 있는 연구시설이다. 1984년에 계획이 처음 발표되었으나 구상 단계를 벗어나지 못하다가 1990년대 초부터 국제적인 프로젝트로 다시 추진되기 시작해 1998년에 궤도상에서의 조립이 시작되었다. 2000년 이후부터 3명의 승무원들이 상주하고 있으며, 2010년경에 완성될 예정이다.

생산과 특수 반도체 제조를 통한 전자공학의 혁명을 일으킬 것으로 기대되었다. 그러나 현실 속에서 우주정거장은 2004년까지 300억 달러 이상을 집어삼키고도 완성되지 못했고, 2010년경에 완성되고 나면 총 비용이 최소 800억 달러를 넘어설 것으로 예상되고 있다. 예상 비용이 천정부지로 치솟으면서 우주정거장의 규모는 계속 축소되어 달과 화성 탐사를 위한 중간 기착지로 사용한다는 애초 구상은 온데간데없이 사라졌고, 결국 최대 6명의 우주비행사가 머무르는 것이 고작인 우주 '오두막'이 되고 말았다.

2003년에는 중국이 최초의 유인 우주선을 쏘아올려 미국과 소련(러시아)의 독무대였던 유인 우주 계획에 끼어든 세 번째 국가가 되었다. 그러나 챌린저 호와 컬럼비아 호 사고 등이 잇따라 터져 인명피해가 발생하고 유인 우주 계획의 경제성에 의문이 제기되면서 우주개발의 앞날이 그리 밝지만은 않다.

8

합성살충제와
레이첼 카슨의 『침묵의 봄』

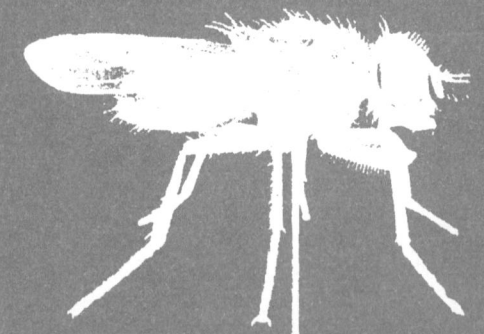

20세기에는 과학기술의 발전에 힘입어 인간이 자연을 '통제'하는 능력이 비약적으로 향상되었다. 물리학에서는 아원자 세계에 대한 이해를 토대로 원자핵을 쪼개어(혹은 합쳐) 엄청난 에너지를 방출시키는 반응을 인위적으로 만들어냈고, 이는 제2차 세계대전 이후 핵무기와 상업적 원자력발전을 낳았다. 화학에서는 그전까지 자연계에 존재하지 않았던 수많은 새로운 물질들을 합성하고 이를 생산하는 산업 공정을 개발했다. 19세기 후반에 합성염료 생산에서 시작한 화학산업은 20세기로 접어들면서 각종 의약품이나 합성고무, 플라스틱 등의 산업대체물질로 그 범위를 넓혀갔고, 시장에는 전례없이 많은 수의 새로운 합성화학물질들이 쏟아져 들어오기 시작했다.

합성살충제는 화학산업이 낳은 '경이의 신물질' 가운데 하나였다. 물론 합성살충제 도입 이전에도 농작물을 해치고 질병을 매개하는 해충을 구제하려는 시도는 줄곧 있었고, 19세기 말이 되면 국화꽃에서 추출한 살충성분인 제충국과 비소계 살충제인 파리그린(Paris green), 비산납 등이 많이 쓰이기 시작했다. 그러나 이들 살충제는 천연물질로 제조되어 가격이 비싸거나 곤충 이외의 다른 생명체(인간을 포함해서)에도 강한 독성을 보이는 등의 문제점을 안고 있었다. 제2차 세계대전기에 널리 쓰이기 시작한 DDT를 필두로 한 일군의 합성살충제들은 이런 문제가 없이 해충 구제 문제를 일거에 해결해준 '마술 같은' 물질로 칭송받았다. 그러나 전후 진보의 상징과도 같았던 합성살충제는 불과 10여 년 만에 생태계와 인간에 해를 끼치는 주범으로 낙인이 찍히게 되는데, 이 과정에서 레이첼 카슨(Rachel Carson)의 기념비적 저작인 『침묵의 봄 Silent Spring』이 결정적인 역할을 했다.

세계대전과 살충제 이용의 확대

20세기 이전에도 살충제를 가지고 해충을 구제하려는 시도는 이미 있었다. 그러나 20세기 전반기에 일어난 두 차례의 세계대전은 이러한 시도가 이뤄지는 규모를 전례없는 수준으로 확장시켰다. 제1차 세계대전기에 미국에서는 화학적 살충제의 종류가 늘고 이용이 크게 확대되었는데, 이는 두 가지 요인에 힘입은 것이었다. 먼저 전쟁기의 물자 부족과 전염병 창궐 사태가 곤충에 대한 경각심을 높인 것이 크게 작용했다. 전쟁 시기에는 폭발물 제조나 그 외 군복, 텐트, 붕대의 생산 등에 쓰이는 면화의 수요가 크게 증가했는데, 때마침 미국 남부지방에서 면화씨바구미가 창궐해 큰 피해를 입혔다. 이로 인해 면화 가격이 급등하자 곤충학자들은 비산칼슘을 새로운 살충제로 내놓았고 농부들은 이를 열광적으로 수용했다. 또한 전쟁 시기에 유럽에서는 이에 의해 전염되는 발진티푸스가 크게 유행해 수백만 명의 사망자를 냈는데, 이는 전염병의 매개체로서의 곤충에 대한 인식을 제고시켰다.

둘째로 전쟁 중에 교전 양측이 모두 사용한 독가스가 살충제의 개발에 영향을 미쳤다는 점도 중요했다. 1915년 4월 독일이 영국군에 대해 염소가스 공격을 가하면서 시작된 화학전(chemical warfare)은 양측의 과학자들이 이에 대항하기 위한 방독면과 더욱 강력한 독가스를 차례로 개발하면서 군비경쟁의 양상을 띠었다. 미국에서는 국가연구위원회가 독가스 연구를 담당했고, 1918년에는 관련 조직이 화학전 부대(Chemical Warfare Service)라는 이름으로 일원화되었다. 그런데 새로운 독가스를 개발하는 과정에서는 기존에 쓰이고 있던 살충제들(시안화수소나 비소계 살충제)이 유력한

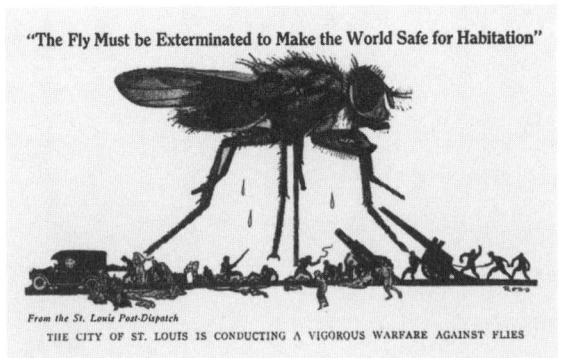

▶ 제1차 세계대전 중 미국의 한 신문에 실린 만평. 거대한 파리에 대항해 병사들이 대포를 쏘고 수류탄을 던지는 등 '전투'를 벌이는 광경을 담고 있으며, 전투에서의 사상자와 이를 후송하기 위한 앰뷸런스도 보인다. 이와 같은 군사적 비유는 양차 대전 사이의 살충제 확산에 큰 영향을 미쳤다.

후보 물질로 많이 고려되었고, 또 전쟁 중에 개발된 독가스가 전쟁이 끝난 후 살충제로 용도가 바뀐 것(클로로피크린)도 있었다. 즉, 독가스와 살충제는 경우에 따라 서로 바꿔 쓸 수 있는 물질이었던 것이다.

양차 대전 사이의 기간 동안 살충제 이용은 더욱 증가했다. 제1차 세계대전을 거치면서 많은 사람들은 해충 구제가 일종의 '전쟁'이며, 해충은 마치 적군처럼 '근절'하거나 '박멸'해야 하는 대상이라고 생각하기 시작했고, 이러한 군사적 비유는 살충제의 확산에 큰 영향을 미쳤다. 전쟁이 끝난 후 비인간적인 전쟁 행태를 옹호한다는 비난을 받은 화학전 부대가 이미지 쇄신을 위해 독가스를 '평화적' 용도 — 살충제를 포함해서 — 로 전용하려는 노력을 기울인 것도 한 요인이 되었다. 1920년대에는 살충제를 비행기에 싣고 날아가면서 살포하는 항공 방제 방법이 새로 도입되어 사용량은 더욱 늘어났다.

제2차 세계대전기에는 제1차 세계대전 때 시작된 여러 경향들이 훨씬 더 증폭된 형태로 나타났다. 해충을 독일군이나 일본군에 비유하면서 이들을 동시에 박멸해야 하는 대상으로 간주하는 군사적 비유가 이 시기에 절정에 달했다. 아울러 해충 방제의 필요성이 더욱 절실하게 대두되었다. 식량 가격과 면화 가격 상승으로 살충제 수요가 크게 증가했고, 북아프리카나 동남아시아 등 열대 내지 아열대 지역이 주된 전장이 되면서 모기가 전염시키는 말라리아가 심각한 군사 작전상의 문제로 대두되었다. 시칠리아에서는 전투로 사망한 사람보다 말라리아로 사망한 사람이 더 많았을 정도였고, 태평양 전선의 여러 전투에서 미군이 초기에 패퇴한 것도 말라리아의 영향이 컸다. 전시의 '영웅'이자 원자폭탄과 함께 제2차 세계대전의 두 가지 상징 가운데 하나로 꼽히기까지 했던 DDT는 이러한 배경에서 등장했다.

▲ 1944년 미국 정부가 발행한 포스터. 권총을 옆에 찬 '엉클 샘'이 일본군과 말라리아 모기를 양손에 잡고 있다. 이 포스터는 인간과 곤충이 모두 박멸해야 하는 적이라는 생각을 전달했다.

DDT의 등장과 전후의 합성살충제 이용

디클로로디페닐트리클로로에탄, 줄여서 DDT라고 불리게 된 합성살충제는 원래 1873년에 오스트리아에서 화학으로 박사학위 논문을 쓰던 대학원생 오트마르 차이들러(Othmar Zeidler)가 최초로 합성해낸 물질이었다. 그는 DDT의 많은 성질에 대해 기술(記述)하고 상업적인 생산 방법까지 개발했지만 살충제로서의 효과는 알아채지 못했고, 이내 DDT는 사람들의 기억에서 잊혀져버리고 말았다.

DDT의 살충효과를 밝혀낸 사람은 스위스 가이기(Geigy) 사에서 근무하던 화학자 파울 뮐러(Paul Müller)였다. 뮐러는 1935년부터 효과적인 살충제를 개발하는 연구에 뛰어들었다. 그는 연구에 착수하면서 이상적인 살충제가 충족시켜야 하는 성질을 목록으로 정리했다. 즉, 곤충에게는 빠르고 강력하게 작용하지만 온혈동물이나 식물에는 독성이 없어야 하고, 자극적인 냄새가 나지 않아야 하며, 값이 싸야 한다는 것이었다. 여기에 그는 되도록 많은 종류의 곤충에게 효과가 있어야 하고 오랫동안 작용할 수 있도록 화학적으로 안정해야 한다는 두 가지 성질을 추가했다(불행히도 뮐러가 추가한 두 가지 성질은 나중에 생태계에 재앙을 야기한 씨앗이 되었음이 밝혀지게 된다). 뮐러는 4년 동안 350가지의 화합물을 합성해 집파리에게 실험하는 일을 끈기있게 되풀이했고, 결국 1939년 겨울에 DDT라는 물질이 자신이 설정한 조건들을 거의 모두 충족시키는 이상적인 살충제라는 사실을 발견했다. 가이기 사는 1940년 초 DDT의 살충효과에 대한 특허를 출원했고 1942년부터 DDT가 섞인 살충제를 판매하기 시작했다.

당시 스위스는 중립국이었으므로 가이기 사는 중립을 지키기 위해 DDT의 개발 사실을 미국·영국·독일 정부에 모두 통보했다. 이에 따라 각국 정부는 DDT의 생산에 나서게 되는데 그중 DDT를 가장 열성적으로 받아들인 나라가 미국이었다. 가이기 사의 미국 지사로부터 DDT 샘플을 전달받은 미국 농무부의 과학자들은 실험을 통해 DDT가 낮은 농도에서도 이와 모기에 대해 오랫동안 독성을 발휘한다는 사실을 알아냈고, DDT를 충분히 희석해서 사용하면 인체에는 해가 없을 거라고 결론을 내렸다. 1943년부터 미국은 DDT 생산을 급격하게 증가시켰고, DDT는 그해 12월에 연합군이 점령하고 있던 이탈리아의 나폴리에서 번지기 시작한 발진티푸스를 잠재우는 데 결정적인 역할을 했다. 겨울철에 창궐하기 시작한 발진티푸스의 확산을 중단시킨 것은 역사상 처음 있는 일이었다. DDT는 태평양 전선에서도 말라리아모기 구제에 놀라운 위력을 발휘했는데, 이곳에서는 화학전 장비나 비행기를 이용해 DDT를 대량으로 살포하는 방법을 썼다. 뮐러는 DDT의 개발을 통해 전쟁 기간과 그 후에 수많은 시민의 목숨을 구한 공로를 인정받아 1948년에 노벨 생리의학상을 수상했다.

제2차 세계대전이 끝난 후 DDT는 열대지방에서 말라리아를 퇴치하는 공중보건 용도로 널리 쓰이기 시작했다. 효과는 매우 극적이었다. 1943년 베네수엘라에서는 말라리아 환자가 800만 명 이상 발생했지만, 15년 후 그 수는 불과 800명으로 줄었다. 1935년에 1000만 명 이상의 말라리아 환자가 발생했던 인도에서는 1969년에 28만 6000명의 환자만이 보고되었다. 오늘날 세계보건기구(WHO)는 DDT 덕분에 말라리아로부터 5000만~1억 명의 인명을 구했다고 평가하고 있다. 아울러 DDT는 미국 같은 선진국에서 농작물을 해치는 해충을 구제하는 용도로도 쓰였다. 당시 전세계에서 생산되는 농작물의 3분의 1 가량이 해충 때문에 사라지는 것으로 추산되고 있었고, 농부들은 손실을 줄이고 농업 생산성을 높이기 위해 DDT와 같은 합성살충제의 사용에 적극적으로 나섰다. 제2차 세계대전 때 맹위를 떨쳤던 군사적 비유는 전쟁이 끝난 후에도 해충의 '박멸'을 계속해서 부추겼고, 합성살충제는 공중보건과 농업뿐 아니라 가정에서 정원이나 집 안의 해충을 죽이는 용도로도 흔히 쓰이게 되었다. 미국에서 합성살충제의 생산량은 1947년에 5만 5800톤에서 1960년에는 28만 7000톤으로 무려 5배나 증가했다.

그러나 DDT가 본격적으로 사용된 지 불과 몇 년 지나지 않아

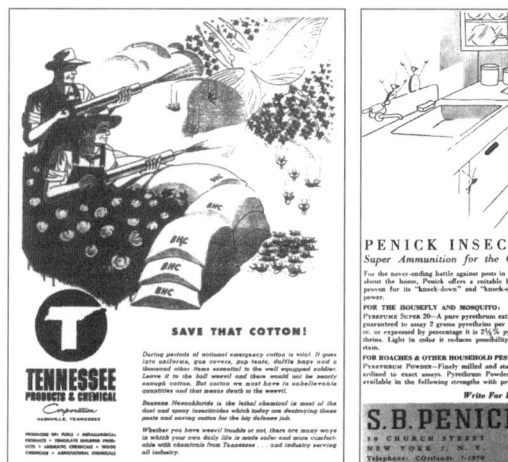

▶ 제2차 세계대전 이후의 살충제 광고. 왼쪽(1951년)은 몰려드는 해충들로부터 면화를 '수호'하기 위해 살충제 BHC를 사용하라는 메시지를 담고 있으며, 오른쪽(1946년)은 살충제를 가지고 '가정 전선에서의 전투'를 계속하라고 촉구하고 있다. 농부와 가정주부를 전투에 참여하는 병사들처럼 묘사하고 있는 점을 눈여겨보라.

어두운 그림자가 드리우기 시작했다. DDT가 제기한 문제는 크게 두 갈래였다. 먼저 곤충들이 DDT와 같은 합성살충제에 내성을 갖게 되었다는 사실이 점차로 알려졌다. 마구잡이로 살포된 DDT는 파리나 모기 같은 곤충들이 빠른 속도로 내성을 갖게 만들었고, DDT로 인해 천적마저 죽어버림으로써 살충제 살포 중단 후 해충이 오히려 더욱 창궐하는 경우도 생겨났다. 효력이 떨어진 DDT를 대신해 앨드린, 디엘드린, 클로르데인, 헵타클로르, 파라티온, 말라티온 등 독성이 DDT보다 수십 배 이상 강한 살충제들이 차례로 도입되었다.

그러나 이런 식의 해법은 두 번째 문제, 즉 DDT와 같은 합성살충제가 해충 이외의 야생생물에게도 해를 끼친다는 사실을 더욱 악화시켰다. 1950년대 미국 곳곳에서는 살충제가 대량으로 살포된 지역에서 조류를 비롯한 야생동물과 애완동물이 해를 입은 사례가 발생해 당국에 대한 주민들의 항의가 잇따랐다. 사람들은 집 주위에 흔히 보이던 새와 벌 같은 익충들이 사라지고 물고기가 떼

8. 합성살충제와 레이첼 카슨의 『침묵의 봄』　115

▶ 미국인들이 특히 아꼈던 울새(왼쪽)와 흰머리수리(오른쪽). 새들에 대한 피해는 살충제에 대한 미국인들의 경각심을 높였다.

죽음을 당해 수면에 떠오르며 집에서 기르던 고양이가 몸을 떨며 죽어가는 것을 보면서 불안감을 느꼈다. 특히 미국인들이 봄을 알리는 새라며 크게 아끼던 울새와 미국을 상징하는 동물인 흰머리수리의 개체수가 급감한 것은 경종을 울린 사건이었다. 그러나 이러한 문제 제기에 대해 방제 당국은 DDT가 곤충 이외의 생명체에 유해하다는 증거는 없다며 고압적인 태도로 일관했고 이는 살충제의 유해성을 둘러싼 전문가들간의 논쟁을 촉발시켰다. 생물학자이자 베스트셀러 작가였던 레이첼 카슨은 이러한 상황을 보면서 문제의식을 느끼고 살충제에 관한 책을 쓰려고 결심하게 된다.

레이첼 카슨과 『침묵의 봄』

카슨은 이미 열한 살 때부터 어린이 잡지에 자신이 쓴 글을 싣고 고료를 받았을 정도로 문학적 재능을 인정받은 소녀 작가였다. 그녀는 이런 소질을 살려 펜실베이니아여자대학 영문학과에 입학했으나, 3학년 때 전공을 생물학으로 바꾸었다. 대학을 졸업한 후 그녀는 존스홉킨스 대학원에서 해양생물학으로 석사학위를 받고

1936년부터 1952년까지 연방정부 기구인 어류야생생물청(Fisheries and Wildlife Services)에서 근무했다. 그녀는 이곳에서 일하는 동안 자연과학의 전문지식과 문학적 감수성을 훌륭하게 결합한 글들을 썼고, 나중에 '해양 3부작'으로 일컬어지게 되는 『해풍 아래서 Under the Sea wind』(1941년), 『우리를 둘러싼 바다 The Sea Around Us』(1951년), 『바다의 가장자리 The Edge of the sea』(1955년)를 차례로 발표해 국제적인 명성을 얻었다. 특히 『우리를 둘러싼 바다』는 카슨의 명성을 절정에 달하게 한 해양생물학의 명저로, 출간 후 무려 86주 동안 베스트셀러의 자리를 지켰고 미국에서만 100만 부 이상이 팔렸다.

그녀는 1956년경부터 살충제 문제에 본격적으로 관심을 갖기 시작했다. 이 무렵 미국 농무부는 동부 삼림지대의 매미나방과 남부 지역의 불개미를 '박멸'한다는 계획 아래 수백, 수천만 에이커에 달하는 방대한 면적에 DDT를 공중 살포하려 하고 있었다. 이러한 계획은 해당 지역 주민들의 항의와 법정소송 사태를 낳았는데, 지인들을 통해 이 소식을 듣고 분노한 카슨은 합성살충제의 문제점에 관한 기존의 과학적 연구성과들을 정리해 일반인을 위한 책을 쓰기로 결심했다. 그녀는 건강 악화와 싸우면서 4년에 걸쳐 힘겹게 집필을 이어갔고, 마침내 1962년 6월부터 책의 요약본이 『뉴요커』지에 연재되기 시작했다. 연재 당시부터 큰 반향을 불러일으킨 카슨의 책 『침묵의 봄』은 같은 해 9월에 출간되었다. 이 책은 즉시 베스트셀러가 되어 그해 말까지 10만 6000부가 팔려나갔으며, 카슨이 죽기 전까지 100만 부가 판매되었다.

『침묵의 봄』에서 카슨은 합성살충제가 생태계와 인간에게 미치는 위험성에 대해 경고하고 대안적인 접근 방법을 제안하려 했다.

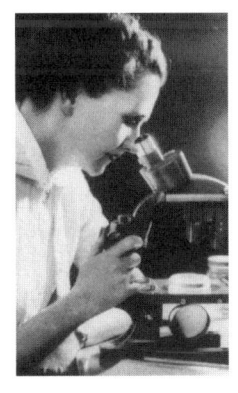
▲ 『우리를 둘러싼 바다』를 집필할 무렵의 레이첼 카슨(1951년).

그녀는 당시 일반인들에게 친숙했던 방사능 낙진*에 비유해 살충제의 독성을 설명했고, 살충제가 특히 미국인이 사랑하는 새들에게 치명적인 악영향을 미치고 있다는 점을 강조했다(나중에 살충제는 먹이사슬을 따라 독성이 축적되며, 매나 독수리 같은 새들의 알껍데기를 얇게 만들어 생식을 방해한다는 사실이 밝혀졌다). 책의 후반부에서는 사람들이 먹는 대부분의 음식 속에 살충제가 남아 있음을 폭로하면서 살충제와 암의 연관성을 깊숙이 파헤쳤다. 카슨은 그간 살충제의 문제점이 제대로 지적되지 않았던 이유로 농무부, 화학회사, 대학의 화학자들이 유착관계로 맺어져 있다는 점을 들었다.

카슨의 문제 제기는 살충제가 전적으로 안전하며 인류의 복지를 위한 물질이라는 생각에 젖어 있던 기성 집단들의 반발을 불러왔다. 몇 안 되는 카슨의 지지자들을 제외하고는 화학산업계, 정치권, 언론, 과학계 할 것 없이 온통 카슨에 대한 비난 일색이었다. 벨시콜이라는 화학회사는 『침묵의 봄』을 낸 호턴미플린 출판사를 명예훼손으로 고소하겠다고 위협했고, 호턴미플린은 추가로 보험을 든 후에야 책을 낼 수 있었다. 화학산업계는 25만 달러를 들여 카슨의 주장을 반박하는 홍보 프로그램을 가동했고, 몬샌토사는 『침묵의 봄』을 패러디한 『황량한 시대 The Desolate Year』라는 소책자(살충제를 금지해 기아와 질병이 창궐한 세상을 그린)를 찍어 배포했으며, 전국해충방제협회는 '레이첼, 레이첼'이라는 조롱섞인 노래를 만들었다. 전 농무부 장관이었던 에즈라 벤슨은 카슨이 "필시 공산주의자일 것"이라고 공격했고, 『타임』과 같은 언론도 카슨이 "감정적으로 부정확한 분노"를 표출했고 "그녀가 비난했던 살충제보다 더 유독한" 존재라며 독설을 퍼붓기도 했다. 과학계는 자신들이 화학회사의 연구자금을 받고 전문직업적 객관성을

방사능 낙진
대기 중에서 핵무기가 폭발할 때 생기는 방사능을 띤 먼지를 가리키는 말이다. 대기 중 핵실험에서 생겨난 미세한 낙진은 수십 킬로미터 상공까지 도달한 후 상공을 부유하다 천천히 지상으로 떨어져 넓은 면적을 덮게 되는데, 미국 네바다 주의 핵실험장이나 태평양에 있는 섬에서 핵실험이 자주 행해졌던 1950년대에는 여기서 나온 낙진이 인체나 생태계에 유해하지 않을까 하는 문제가 크게 논쟁거리가 되었다.

팔아넘기는 집단이라는 암시에 대해 분개했고, 여성이면서 학계의 '아웃사이더'인 카슨이 자신들도 아직 합의를 보지 못한 문제를 놓고 일반인들을 대상으로 책을 써낸 데 거부감을 드러냈다.

그러나 화학산업계가 주도한 이러한 반격은 오히려 역효과를 내 카슨과 환경운동가들에게 지지를 몰아주는 결과를 가져왔다. 이는 1963년 4월에 CBS가 방송한 다큐멘터리 〈레이첼 카슨의 침묵의 봄 The Silent Spring of Rachel Carson〉에서 잘 드러났다. 1000만 명 이상이 시청한 이 다큐멘터리는 화학회사를 대표하는 로버트 화이트스티븐스(Robert White-Stevens)라는 과학자의 주장과 카슨의 주장을 대비시키는 방식으로 구성되었는데, "카슨의 주장을 따른다면 세상은 암흑시대로 돌아갈 것"이라며 큰소리친 화이트스티븐스는 거만하고 고압적인 모습으로 비친 반면 카슨은 시종일관 신중하고 겸손하며 진정으로 걱정하는 태도를 취했다. 그 결과 여론은 압도적으로 카슨에게 유리한 방향으로 전개되기 시

▶ 상원 특별청문회에서 증언하는 레이첼 카슨.

작했다. 여기에 케네디 대통령이 지시한 대통령과학자문위원회의 특별 패널이 1963년 5월에 카슨을 조심스럽게 지지하는 보고서를 발표하면서 카슨의 주장은 더욱 탄력을 받게 되었다. 그러나 카슨은 자신이 불을 붙인 운동이 이뤄낸 결과를 보지 못하고 1964년 4월에 암으로 세상을 떠났다.

현대 환경운동의 태동과 끝나지 않은 논쟁

『침묵의 봄』은 합성살충제 반대운동, 더 나아가 현대 환경운동을 태동시킨 기폭제 역할을 했다. 1960년대 미국에서는 지역별로 DDT 등의 합성살충제를 이용하는 항공 방제에 반대하는 시위와 법정소송이 이어졌고, 지방자치단체들은 자체적으로 조례 등을 제정해 특정 살충제의 사용을 금지했다. 아울러 오두본협회 등 환경단체들의 회원이 폭발적으로 증가했고 그린피스 같은 새로운

◀ 살충제에 대한 인식의 변화. 왼쪽 만평(1962년)은 곤충과의 전쟁에 사용되는 '무기'에서 사람의 생명을 위협하는 물질로 살충제에 대한 인식이 급격히 전환되었음을 보여준다. 오른쪽 만평(1963년)은 "엄마, 아빠, 그리고 레이첼 카슨에게 신의 축복을!"이라고 기도하는 사마귀의 모습을 유머러스하게 그리고 있다.

환경단체도 생겨났다. 1970년 4월 22일에는 미국에서 2000만 명이 참여한 가운데 제1회 지구의 날 행사가 열렸고, 환경문제를 전담하는 연방기구인 환경보호청(EPA)이 같은 해에 창설되었다. 환경보호청은 설립 직후인 1972년에 DDT의 사용금지 조치를 내렸다. 무엇보다도 카슨은 화학산업이 대변하고 있던 진보에 대한 확신에 경종을 울렸고 이는 과학기술을 바라보는 비판적 시각을 불러일으키는 데 일조했다.

그러나 카슨의 기여를 둘러싼 논쟁은 여전히 지속되고 있다. DDT의 사용 금지*는 스리랑카와 같은 개발도상국에서 말라리아의 창궐을 다시 불러왔고, 이는 금지조치가 너무 성급했다는 반론과 함께 말라리아의 위협과 살충제의 위협 중 어느 쪽을 더 심각하게 받아들여야 하는가 하는 논쟁을 야기했다. 인도나 중국 같은 개발도상국들에서는 오늘날까지도 많은 양의 DDT가 사용되고 있는데, 이들 나라에서 DDT 사용을 계속 허용해야 하는지 여부는 여전히 국제사회의 치열한 논쟁거리이다.

DDT의 사용 금지
1970년대와 1980년대를 거치면서 대다수의 산업국가들에서 DDT를 농업에서 사용하는 것이 금지되었다. 2000년대 들어서는 DDT를 비롯한 잔류성 유기화합물을 규제하기 위한 국제적 노력의 결과로 스톡홀름 협약이 체결되어 2004년부터 발효되고 있다. 그러나 DDT를 병원성 매개체를 구제하는 데 쓰는 것은 여전히 허용되고 있으며, 인도와 중국은 스톡홀름 협약에 가입하지 않았다.

9 오존층 파괴 논쟁, 전지구적 환경문제의 시작

제2차 세계대전이 끝난 직후인 1950년대부터 전세계적으로 새로운 환경문제들이 부각되기 시작했다. 런던과 로스앤젤레스 같은 대도시에서는 대기오염으로 생긴 스모그가 호흡기 질환의 증가와 같은 심각한 공중보건상의 문제를 야기했고, 일본에서는 화학공장에서 중금속 물질이 섞인 폐수를 마구 방류하면서 미나마타병*과 같은 새로운 환경병이 사회문제로 등장했다. 같은 시기에 합성살충제의 무분별한 사용이 생태계와 사람들의 건강을 위협하고 있다는 사실이 주목을 끌기 시작했다. 이에 따라 1960년대에는 전세계적으로 환경에 대한 인식이 크게 성장했고, 레이첼 카슨의 『침묵의 봄』은 그런 경향에 크게 일조했다.

그러나 1970년대 초만 해도 환경문제는 특정 지역의 문제라는 생각이 지배적이었다. 대기오염과 수질오염은 자동차나 공장 같은 오염원이 많은 대도시의 문제이고, 살충제로 인한 야생동물 피해는 살충제의 대규모 공중살포가 잦은 농촌이나 삼림지역의 문제라는 식이었다. 하지만 이 시기를 전후해 등장한 오존층 파괴 문제는 지구상의 모든 국가, 모든 사람들에게 동시에 영향을 미칠 수 있는 전지구적 환경문제의 가능성을 제기했고, 이는 환경문제에 대한 대응에서 국제적인 협력의 필요성을 부각시켰다.

CFCs와 오존층 파괴

오존층 파괴 문제의 기원은 대략 70여 년 전으로 거슬러 올라간다. 1928년에 미국의 발명가이자 공업화학자인 토머스 미즐리(Thomas Midgley)는 안전하고 독성이 없는 냉장고용 냉매(冷媒)를

미나마타병
일본 구마모토 현 미나마타 시에서 발생한 공해병을 일컫는 말로, 미나마타에 위치한 신일본질소비료공장에서 방류한 메틸수은이 섞인 폐수가 원인이 되어 생겨났다. 1956년부터 오염된 바다에서 난 물고기와 어패류를 먹은 인근 지역주민들에게서 손발이 저리고 굼뜬 행동을 보이며 심하면 경련을 일으켜 사망에 이르는 중추신경계 질환이 보고되기 시작했고, 1959년에 이 병의 원인이 수은 중독이라는 연구결과가 발표되었다. 이후 1965년에 니가타 현에서 유사한 증세를 보이는 제2의 미나마타병이 발생했다.

찾는 과정에서 염화불화탄소(chlorofluorocarbons, CFCs)라는 새로운 화학물질군을 합성해냈다. CFCs는 냄새와 맛이 없고 공기보다 약간 무거운 기체로 냉매로서 매우 이상적인 성질을 갖고 있었다. 또한 CFCs는 동물 실험에서 별다른 독성을 나타내지 않았고 화학적으로 매우 안정해 쉽게 분해되지도 않았기 때문에 과학자들은 이 물질이 사람에게 안전하다고 확신했다. 1930년대부터 듀퐁 사가 프레온(Freon)이라는 상표명으로 시판하기 시작한 CFCs는 불과 10년도 못 되어 이전까지 냉매로 쓰이던 암모니아나 그 외의 유독성 물질들을 대신해 냉장고와 에어컨에 널리 쓰이게 되었고, 1950년대부터는 스프레이캔의 분사제, 스티로폼 같은 발포 플라스틱 제조, 전자산업에서의 세척용제 등으로 그 용도가 확대되었다. 1970년경이 되면 CFCs는 전세계적으로 매년 100만 톤 가량이 소비되는 매우 인기 있는 화학물질이 되었다.

이렇게 대량으로 생산되어 방출된 CFCs 기체가 환경에 어떤 영향을 미칠까 하는 문제에 과학자들이 관심을 두게 된 것은 1970년대 초의 일이었다. 영국의 과학자인 제임스 러브록(James Lovelock, 그는 나중에 지구 전체를 하나의 생명체로 보아야 한다는 가이아 이론을 내놓아 유명해졌다)은 자신이 직접 발명한 고감도 기체 탐지기를 이용해 대기 중의 CFCs 농도를 처음으로 측정했다. 그는 1970년에 이 화학물질군의 일종인 CFC-11이 지표면 근처에서 1조분의 60 정도의 농도로 분포한다는 사실을 밝혀냈고, 1971년부터는 연구선 섀클래턴 호를 타고 대서양 곳곳을 돌아다니면서 50곳 이상에서 대기 조성을 측정해 모든 곳에서 거의 같은 농도의 CFC 기체가 존재함을 확인했다.

그렇다면 대기 중에 이미 널리 분포된 이 기체는 오랜 시간이

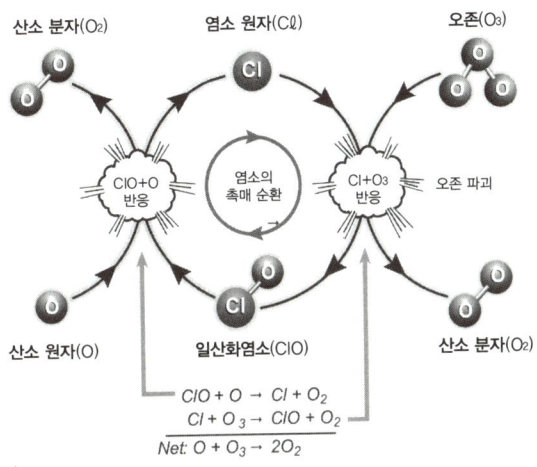

▶ 염소 원자가 오존 분자를 파괴하는 과정.

지나면 어떻게 될까? 이 질문에 주목한 두 명의 과학자가 캘리포니아 대학교 얼바인 캠퍼스의 화학자 마리오 몰리나(Mario Molina)와 F. 셔우드 롤런드(F. Sherwood Rawland)였다. 그들은 1974년에 영국의 과학잡지 『네이처』에 실은 논문에서, CFCs가 쉽게 분해되지 않고 물에도 잘 녹지 않기 때문에 대기 최하층부(대류권)에서 제거되지 않고 오랜 기간에 걸쳐 천천히 성층권*까지 올라갈 거라고 추정했다. 성층권에 올라간 CFCs는 태양으로부터 오는 강한 자외선을 만나 화학결합이 끊어지면서 염소 원자를 내놓게 되는데, 그들은 이 염소 원자(Cl)가 촉매로 작용해 성층권의 오존층을 파괴할 거라고 결론내렸다. 여기서 염소 원자는 촉매 역할만 하기 때문에 반응시에 소모되지 않고 계속해서 오존 분자를 파괴한다(염소 원자 하나가 수십 년에 걸쳐 10만 개 이상의 오존 분자를 파괴할 수 있다). 만약 성층권 오존의 감소로 지표면에 도달하는 자외선의 양이 증가하게 되면 피부암과 백내장 환자가 늘어나고 농업 생산성이 감소하며 해양 생태계가 교란되는 등 심각한 재앙이 닥칠 수

성층권
대기권에서 최하층부인 대류권과 중간권 사이에 위치하는 부분으로 대략 10~50킬로미터의 고도가 여기에 해당한다. 성층권 내에서는 고도가 올라갈수록 기온이 높아지기 때문에 공기가 매우 안정되고 수직 방향의 혼합이 거의 일어나지 않는다. 오존층과 같은 층상(層狀) 구조가 가능한 것도 이 때문이다.

9. 오존층 파괴 논쟁, 전지구적 환경문제의 시작

있다.

  몰리나와 롤런드의 연구는 『뉴욕타임스』 같은 신문들에서 1면 톱으로 보도되면서 일약 세간의 관심을 집중시켰다. 그들은 예상되는 대재난을 막기 위해 CFCs의 생산을 즉시 중단해야 한다고 주장했는데, 추정되는 피해규모가 너무나 엄청났기 때문에 미국 정부도 이를 심각하게 받아들였다. 정부는 자체적인 특별조사팀을 구성하는 한편으로, 1975년 이 문제에 대한 철저한 분석을 미국국립과학원에 의뢰했다. 규제에 반대하는 화학산업 측의 맹렬한 로비에도 불구하고, 미국국립과학원은 1976년에 발간한 보고서에서 몰리나-롤런드 가설의 결론을 조심스럽게 지지했다.

오존의 과학

오존(O_3)은 산소 원자 3개가 서로 결합해 만들어진 간단한 분자로, 그것이 어디 위치하느냐에 따라 생명체에 완전히 다른 영향을 미친다. 지구상에 있는 오존의 대부분(90퍼센트 이상)은 10~50킬로미터 고도의 성층권에서 지구 전체를 덮고 있는데, 이를 오존층이라고 부른다. 오존층은 태양으로부터 오는 유해한 자외선을 흡수해 지구 생태계를 보호하는 역할을 한다. 반면 지표면 부근에 위치한 오존은 도시에서 대기오염의 결과로 생겨나며 호흡기 질환을 일으키고 식물의 생장을 저해하는 등 생명체에 해롭다(서울과 대도시에서 대기 중 오존 농도가 올라가면 기상청에서 오존주의보를 발령하는 것을 보았을 것이다). 즉, 자연계 속에는 '좋은' 오존과 '나쁜' 오존이 모두 있는 것이다.

CFCs 규제의 어려움

여기까지의 상황만 보면 미국을 비롯한 각국 정부들이 곧장 CFCs의 생산을 중단하고 오존층 파괴로 인한 파국적 결과의 예방에 나섰을 것처럼 보인다. 저명한 학술지에 매우 심각한 피해를 예측하는 과학 논문이 실렸고, 미국 과학계를 대표하는 과학단체가 그 결론을 뒷받침했으니 말이다. 그러나 실제 CFCs 규제는 초기에 매우 소극적으로 나타났다. 왜 그랬을까? 그 이유는 오존층 파괴 논쟁에 나타난 몇 가지 특징에서 찾을 수 있다. CFCs의 규제를 어렵게 만든 이러한 특징들 중 일부는 이후의 전지구적 환경문제들에서도 반복해서 나타났다.

우선 오존층 파괴에 관한 몰리나와 롤런드의 논문은 구체적인 물증 없이 오로지 과학 이론과 컴퓨터 시뮬레이션에만 입각해 쓰여졌다. 다시 말해 성층권 오존양의 감소가 직접 관측된 것도 아니었고 CFCs와 오존층 감소 사이의 인과관계가 입증된 것도 아니었다는 얘기이다. 심지어는 CFCs가 성층권까지 실제로 도달할 수 있는지에 대해서조차도 과학자들간에 의견이 분분했다. 화학산업 측은 CFCs가 오존층을 파괴한다는 가설 자체가 단순한 '이론적 추측'에 불과하다며 조롱을 퍼붓기까지 했다. 둘째로 오존층 파괴는 전지구적인 차원의 문제였고, 만약 규제를 하려면 국제적인 협력이 전제가 되어야 했다. 어차피 대기 중에 방출된 CFCs 기체는 그것이 어느 국가, 어느 지역에서 방출되었건 간에 지구 전체로 퍼지게 마련이었다. 따라서 한두 나라가 자체적으로 CFCs 생산을 중단한다고 해도 다른 나라들이 이를 따르지 않는다면 규제는 소용이 없었다.

셋째로 오존층 파괴에 특유한 시간적 지연 문제가 있었다. 몰리나와 롤런드는 CFCs가 대기 중에 방출된 후 성층권까지 올라가려면 십수 년 이상의 오랜 기간이 소요되기 때문에 그 영향은 뒤늦게야 나타날 것으로 보았다. 이 때문에 정작 현재 세대는 CFCs 사용을 통해 경제적 편익을 누리고 그에 대한 피해는 미래 세대가 입는 세대간 불균형이 발생할 수 있다. 이를 뒤집어 말하면, CFCs의 생산 중단과 같은 규제조치는 미래 세대를 위한 현재 세대의 희생을 요구했다. 그리고 마지막으로 CFCs에 대한 마땅한 대체물질이 없었다는 점도 중요했다. CFCs는 냉매로서, 발포 플라스틱의 재료로서, 세척용제로서 매우 우수한 화학적 성질과 낮은 독성을 지녔고, 이에 대한 대체물질을 구할 수 있는 경우에도 열효율이 떨어지거나, 독성이 강하거나, 생산비용이 비싸거나 해서 CFCs의 특성에 못 미치는 경우가 대부분이었다. 그리고 대체물질 일부는 그 정도는 훨씬 약하지만 여전히 오존층을 파괴하는 성질을 갖고 있었다.

이상의 네 가지 특징을 종합하면, CFCs에 대한 규제는 구체적 물증이 아직 없는 상황에서 과학적 가설에만 근거해 이루어져야 했고, 규제에 앞서 서로 이해관계가 다른 여러 나라들 사이에서 모종의 합의를 이끌어내야 했고, 미래 세대를 위해 현재 세대가 희생을 감수하도록 요구하고 설득해야 했고, CFCs보다 못한 대체물질을 도입해 생기는 문제들에 대처해야 했다. 이를 감안해보면, 1970년대 후반의 정책결정자들이 CFCs의 규제 결정을 쉽사리 내리지 못했던 것도 무리가 아니었음을 알 수 있다. 그들은 이런 성질의 문제에 한번도 접해본 적이 없었던 것이다. 그러나 그렇다고 해서 오존층이 파괴되었다는 확실한 증거가 나올 때까지 기다린다면 그때쯤에는 환경에 방출된 CFCs의 양이 너무 많아질 것이고, 따라서 CFCs의 생산 중단 조치는 파국을 막기에 너무 뒤늦은 것이 되어버릴 수 있었다.

결국 미국 정부는 1978년에 비교적 대체물질을 찾기 쉬웠던 분사제 용도의 CFCs 사용만 금지하고 다른 용도(냉매, 발포 플라스틱 제조, 세척용제)에 대해서는 규제를 유보하는 타협안을 채택했다. 그러나 이러한 규제 방향에 동조한 국가는 캐나다와 북유럽의 스웨덴, 덴마크, 노르웨이 등 몇 나라에 불과했고, 다른 대부분의 산업국가들은 용도를 가리지 않고 CFCs의 생산과 사용을 계속했다. 그리고 미국에서는 1980년 이후 보수적이고 친기업적인 레이건 행정부가 들어서면서 CFCs에 대한 규제가 소강상태를 맞게 되었다.

전환점의 도래와 국제적인 규제 노력

1980년대 초반에 오존층 파괴 문제는 완전히 수면 아래로 가라앉았다. 단지 몇 안 되는 환경단체들만이 외롭게 고군분투함으로써 어렵사리 논의의 불씨를 살려놓았다. 이러한 소강상태에 변화의 계기를 제공한 것은 1985년에 발표된 영국 남극 탐사팀의 새로운 연구성과였다. 영국 과학자들은 기상위성 자료를 재해석해 겨울에서 봄으로 넘어가는 기간 동안 남극 상공에 거대한 '오존 구멍(ozone hole)'*이 생겨난다는 사실을 발견했다. 그들은 오존 구멍과 CFCs 사이의 연관을 밝히지는 못했고, 왜 지구 전체가 아닌 남극에서, 그것도 봄에만 오존양의 급격한 감소가 일어나는가 하는 문제에도 답하지 못했다. 그러나 이러한 한계에도 불구하고 많은

오존 구멍
오존층 파괴 물질로 인해 지구 전체적으로 오존층이 얇아지고 있지만, 남극 상공에서는 매년 이른 봄(9~11월)에 오존층의 거의 90퍼센트가 사라지는 오존 구멍이 나타난다. 남극에서만 이처럼 특이한 현상이 나타나는 이유는 겨울 동안 남극 상공의 기온이 매우 낮아서 생기는 성층권 구름이 매개가 되어 강한 반응성을 갖는 염소기체가 만들어지기 때문이다. 아울러 남극 주위를 휘감는 강한 바람 때문에 남극 상공의 대기가 주위 공기로부터 고립되는 것도 중요한 역할을 한다.

◀ 2001년 10월에 촬영된 남극의 오존 구멍.

과학자들은 이 연구가 CFCs로 인한 오존층 감소를 실제로 보여주는 최초의 증거라고 생각했다.

  이러한 생각은 1986년과 1987년에 다른 과학자들이 남극 상공의 오존 감소가 대기 중의 염소 원자 때문이라는 이론을 확립함에 따라 더욱 확고해졌다. 오존 감소의 원인에 대한 결정적인 증거가 포착된 것은 1988년이었다. 성층권까지 비행할 수 있는 유일한 비행기인 NASA의 ER-2기가 성층권 오존의 농도가 가장 낮은 곳에서 염소 원자가 높은 수준으로 분포한다는 관측결과를 얻어낸 것이었다. 이는 염소를 포함하는 CFCs와 같은 화학물질군이 오존층 파괴의 주요 원인임을 분명히 보여준 최초의 물증이었다. 이에 CFCs가 오존층 파괴의 원인임을 계속 부정하던 듀퐁도 마침내 손을 들었고, CFCs 생산을 단계적으로 축소해 나가겠다고 선언한 최초의 화학회사가 되었다.

  오존층 파괴 사실을 보여주는 증거들이 점차 쌓여가면서 국제적인 차원의 규제 노력도 본격화되기 시작했다. 1987년 9월 캐나다 몬트리올에서는 모두 150개 국 이상이 참여해 오존층 파괴 화학물질의 규제 문제를 논의한 국제회의가 열렸다. 그러나 이 회의에서 합의에 이르는 과정은 쉽지 않았다. 참석한 국가들은 문제의 심각성 정도, 규제조치의 내용, 국가간 형평성 문제 등에 대해 서로 인식을 달리했다. 미국은 거대 화학회사들이 많아 대체물질 개발에 많은 자금을 쏟아부을 수 있었기 때문에 CFCs의 단계적 생산 감축을 주장했다. 반면 화학산업의 규모가 작고 입지가 취약했던 일본과 유럽 국가들은 현 생산수준으로의 동결로 논의를 제한하려 했다. 일본은 특히 전자산업에서 세척용제로 많이 쓰이는 CFC-113의 생산 축소에 결사 반대했고, 중국과 인도 같은 개발도상국은 오존층 파괴가 선진국들의 무분별한 화학물질 남용에 의한 것이라고 주장하면서 규제를 선진국들에 한정하고 자신들은 계속해서 CFCs를 생산해 쓸 수 있기를 희망했다.

협상이 난항을 겪은 끝에 오존층 파괴 물질에 관한 몬트리올 의정서(Montreal Protocol)가 1987년 9월 15일, 23개 국이 서명한 가운데 채택되었다(이후 가입국이 계속 늘어나 현재에는 190여 개 국이 가입해 있다). 몬트리올 의정서는 1989년 1월부터 발효되었는데, 그 내용은 1986년 수준으로 CFCs의 생산과 소비를 동결하고 1999년까지 생산량을 50퍼센트 감축하는 것을 목표로 했다. 아울러 개발도상국에 대해서는 10년간 적용 유예기간을 두어 정해진 기간 동안 오존층 파괴 화학물질을 계속 사용할 수 있게 했다. 몬트리올 의정서가 애초에 취한 이러한 미온적인 입장 ― 완전한 생산 중단이 아닌 50퍼센트 감축 목표와 개발도상국 예외 인정 ― 을 보면 각국간의 첨예한 입장 차이를 조율하는 것이 얼마나 어려웠

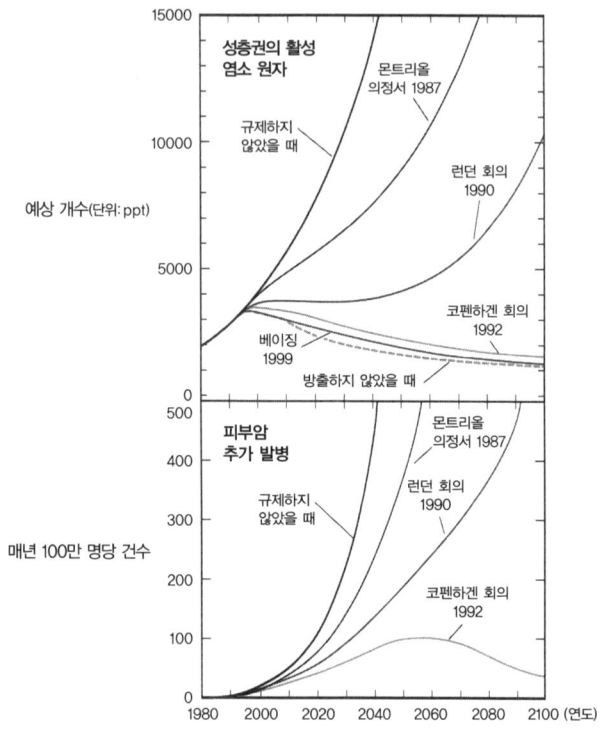

◀ 몬트리올 의정서의 영향. 코펜하겐 개정의정서 발효로 2060년 이후 피부암 발병 건수가 다시 감소 추세로 돌아설 것으로 예상된다.

는가 하는 것을 미뤄 짐작할 수 있다.

몬트리올 의정서의 내용은 1990년대 들어 오존층 파괴의 심각성을 보여주는 증거들이 속속 제기되면서 더욱 강화되었다. 1990년의 런던 회의에서는 CFCs의 생산을 1999년까지 완전히 중단하는 것을 새로운 목표로 정했고, 1992년의 코펜하겐 회의에서는 그 시한을 다시 1996년으로 앞당겼다. 이러한 국제적 노력의 결과로 성층권의 오존양이 21세기 중반부터는 서서히 회복될 것으로 예상되고 있다. 1995년에 몰리나와 롤런드는 오존층 파괴 문제를 선구적으로 지적하고 규제 필요성을 제기한 업적을 인정받아 노벨 화학상을 수상했다.

오존층 파괴 논쟁이 주는 교훈

1970년대에 촉발된 오존층 파괴 논쟁에서 정책결정자들은 불확실한 이론에 근거해 인간 생활에 매우 요긴한 화학물질의 규제 결정을 내려야 하는 어려운 상황에 직면했다. 시간이 흘러 오존층 파괴의 증거가 쌓이면서 규제의 필요성에 대해 대체적인 합의가 이루어진 이후에도 그들은 어떤 물질을 언제부터 얼마나 규제할 것인가를 놓고 국가간에 나타난 첨예한 갈등을 넘어서야 했다. CFCs에 대한 규제는 이러한 어려움을 극복하고 국제적인 공동 대처를 이루어낸 대표적인 성공사례로 꼽힌다. 그런 점에서 오존층 파괴 논쟁은 앞으로 지구온난화나 내분비계 교란물질(환경호르몬) 같은 새로운 전지구적 환경문제의 위협에 우리가 어떻게 대처해야 하는가에 대해 중요한 시사점을 주고 있다.

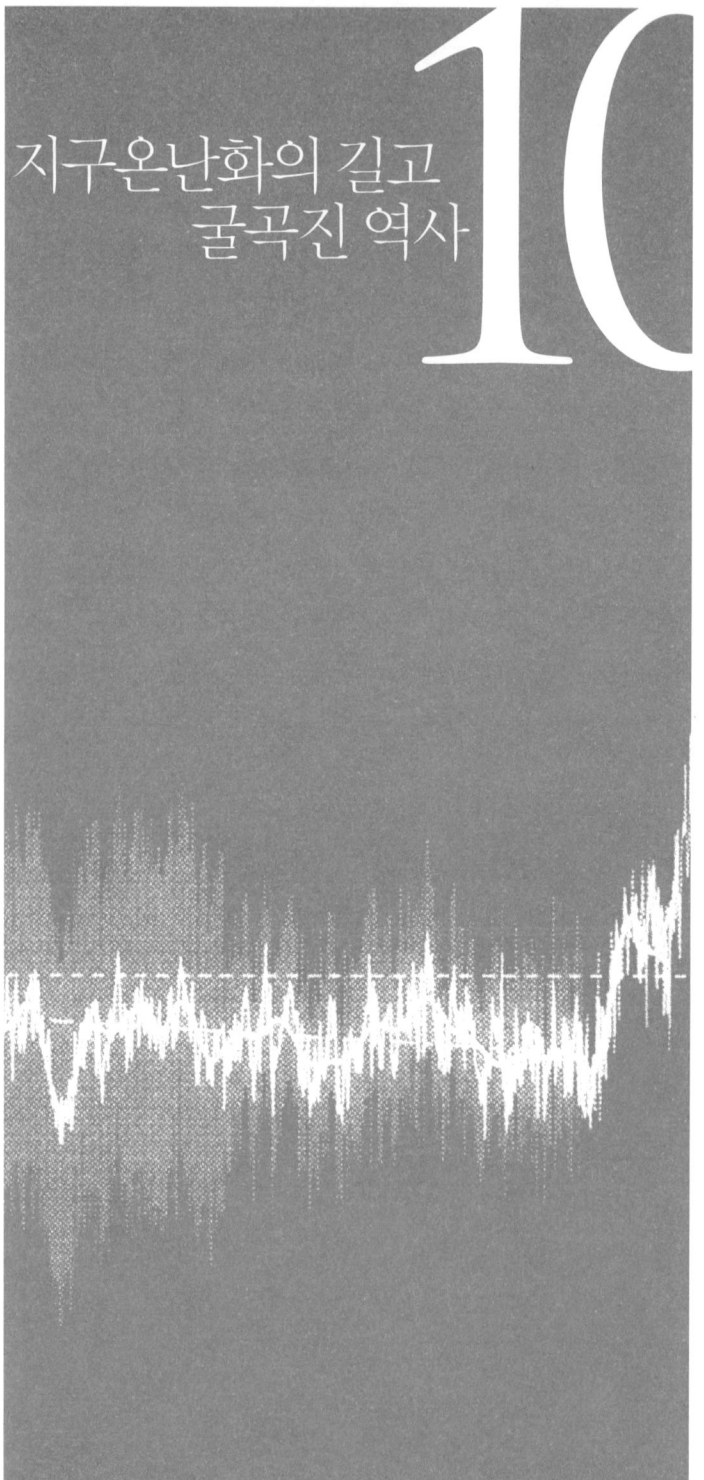

10 지구온난화의 길고 굴곡진 역사

오늘날 인간의 산업활동에서 배출되는 이산화탄소를 비롯한 각종의 온실기체들이 지구의 평균기온을 높이고 있다는 사실은 많은 일반인들에게 거의 상식처럼 받아들여지고 있다. 최근 나타나고 있는 각종의 기상이변(가뭄, 홍수, 더 강력해진 태풍 등)들이 이러한 지구온난화 현상과 관련되어 있다는 식의 언론보도는 이런 인식의 증가에 기여한 주요 원인 가운데 하나이다. 그리고 지금 우리가 적절한 조치를 취하지 않는다면 21세기에 지구온난화 현상이 더욱 가속화될 것이며, 경우에 따라 이는 매우 심각한 재난을 일으킬 수 있다는 경고도 각종 매체를 통해 심심찮게 접할 수 있다.

그러나 불과 50여 년 전만 해도 인간의 활동에 의해 지구가 점점 더워지고 있다는 생각은 지구과학계 내에서 매우 이단적이고 근거 없는 주장으로 받아들여졌다. 그러던 상황이 바뀌어 지구온난화 이론이 과학계 내에서 점차 신뢰를 얻게 되고, 더 나아가 일반대중과 정치인들이 관심을 갖는 정책상의 쟁점으로까지 발전하게 된 데는 수많은 과학자와 정책결정자, 환경운동 집단 등의 기여가 있었다. 바꿔 말해 지구온난화라는 아이디어는 특정인에 의해 어느 한순간에 '발견'된 것이 아니라 100년이 넘는 오랜 시간을 거치면서 굴곡을 거쳐 형성되어 왔다는 것이다. 이 과정을 이해하기 위해 우리는 19세기 초로 거슬러 올라가야 한다.

지구온난화 개념의 제시

19세기 초 프랑스의 과학자 조제프 푸리에(Joseph Fourier)는 '지구와 같은 행성의 평균기온을 결정하는 요인은 무엇인가'라는 문제를 골똘히 생각했다. 그가 생각한 의문의 출발점은 이런 것이었다. 태양에서 빛이 내리쬐어 지구 표면이 가열될 때, 지구가 태양과 같은 온도에 이를 때까지 계속 뜨거워지지 않는 이유는 무엇인가? 이에 대한 푸리에의 답은 가열된 지구 표면이 눈에 보이지 않는 적외선 복사의 형태로 열에너지를 우주공간으로 내보내어 열평형을 이루고 있다는 것이었다. 그러나 그가 적외선 복사의 영향을 감안해 이론적으로 계산한 지구의 기온은 실제 지구의 현재 기온에 비해 현저하게 낮았다. 즉, 계산상으로 지구는 지금보다 훨씬 추운, 꽁꽁 언 행성이어야 한다는 결론을 얻었던 것이다. 푸리에는 계산상의 지구와 실제 지구 사이에 온도 차이가 나는 이유를 따져보았고, 지구의 대기가 그런 차이를 만들어낸다는 가설을 제시했다. 지구 대기가 지표면에서 나오는 열복사의 일부를 붙잡아 우주공간으로 나가지 못하게 막는 역할을 한다는 것이 그의 결론이었다. 이처럼 지구를 데워주는 대기의 영향은 나중에 '온실효과'라는 이름으로 알려지게 된다.

그러나 푸리에의 이론은 이내 지구 대기가 적외선에 대해 '투명'하다(즉, 공기는 적외선을 흡수하지 않고 통과시킨다)는 반론에 부딪쳤다. 이러한 반론에 답한 인물이 영국의 물리학자 존 틴들(John Tyndall)이었다. 1859년에 그는 실험을 통해 공기의 주성분인 질소와 산소가 적외선에 대해 실제로 투명하다는 결론을 얻고 처음에는 푸리에의 가설을 포기하려 했다. 하지만 그가 우연히 실험한 석탄가스(메탄이 주성분인)는 적외선에 대해 '불투명'했다. 산업혁명의 주요 부산물 중 하나가 지구의 열평형에 중요한 역할을 한다는 사실이 밝혀진 것이다. 틴들은 다른 기체들을 가지고 실험을 더 해보았고, 이산화탄소(CO_2) 역시 적외선을 흡수한다는 사실을

▶ 1896년에 기구를 이용한 북극 원정길에 나선 스반테 아레니우스(화살표)의 모습(오른쪽). 이해에 그는 인간의 활동이 대기 중 이산화탄소의 양을 증가시켜 지구온난화 현상을 일으킬 수 있다는 계산결과를 내놓았다.

알아냈다. 이로부터 틴들은 대기 중에 극히 소량 함유되어 있는 이산화탄소가 지표면에서 방출되는 적외선 복사를 흡수한 후 이를 다시 지표면으로 복사해 가열시킴으로써 지구의 온도를 높게 유지시킨다고 결론내렸다. 틴들은 아울러 대기 중에 포함된 수증기 역시 적외선을 흡수하는 '온실기체'*라는 사실을 알아냈다.

틴들의 연구결과는 스웨덴의 과학자 스반테 아레니우스(Svante Arrhenius)의 관심을 끌었다. 그는 당시 과학자들 사이에서 뜨거운 논쟁을 일으키고 있던 선사시대의 빙하기 — 북반구의 절반 이상이 1킬로미터 이상 두께의 얼음에 덮였던 — 가 어떻게 시작되었는가 하는 문제에 답하려 애쓰고 있었다. 그는 대기 중의 이산화탄소가 그런 역할을 할 수 있다고 생각했다. 가령 화산 폭발이 대규모로 일어나 다량의 이산화탄소가 대기 중으로 방출됨으로써 이산화탄소의 비율이 조금 높아졌다고 가정해보자. 이는 지구 온도를 조금 높일 것이고, 이 때문에 수면에서 증발하는 수증기의 양 또한 조금 더 많아질 것이다. 그런데 대기 중에 포함된 수증기 자체가 강력한 온실기체이기 때문에 온도는 더욱 높아질 것이고, 대기는 더욱 습해질 것이며 다시 온도는 더욱…… 이런 식으로

온실기체
지구 표면에서 방출되는 적외선을 흡수해 지구 표면의 기온을 높이는 역할을 하는 기체를 말한다. 대표적인 온실기체는 이산화탄소, 수증기, 메탄, 산화질소, 오존, CFC 등이며, 공기의 대부분을 차지하는 질소와 산소는 온실기체가 아니다.

반복되면서 지구는 더워질 것이다. 반면 화산 폭발이 일정 기간 멈추고 대기 중의 이산화탄소가 흙이나 바다 속에 녹아들게 되면 이산화탄소 비율이 낮아져 온도는 낮아질 것이다. 그런데 이는 증발하는 수증기의 양을 줄여 대기의 습도를 낮추고 그러면 다시 온도는 더욱…… 이런 식의 과정을 거쳐 지구는 빙하기로 접어들 것이다.

1896년에 아레니우스는 대기 중 이산화탄소의 양이 변화할 때 이런 식의 '되먹임(feedback)' 과정이 어떤 결과를 가져올 수 있는지를 직접 계산하려 했다. 그는 수 개월간에 걸친 손계산을 통해 위도에 따른 태양과 지구의 복사량과 수증기의 농도 변화를 끈기 있게 계산했다. 이로부터 그는 어느 정도 확신을 가질 만하다고 생각한 결과를 얻었다. 그는 만약 대기 중 이산화탄소의 양이 절반으로 줄면 기온은 약 섭씨 5도 떨어지고, 반대로 이산화탄소의 양이 2배가 되면 기온은 섭씨 5~6도 상승할 것으로 예측했다. 과연 이산화탄소의 양이 2배로 증가하는 일이 생길 수 있을 것인가 하는 의문에 대해, 그는 동료 과학자인 아비드 회그봄(Arvid Högbom)의 견해를 빌려 인간의 산업활동이 오랜 기간 지속적으로 축적되면 그런 변화가 나타날 수도 있다고 보았다. 이로써 아레니우스는 과학계에 (인간의 활동에 따른) 지구온난화라는 이론적 개념을 제기한 첫 번째 인물이 되었다.

냉전과 지구온난화 가능성의 확인

그러나 아레니우스의 이론은 다른 과학자들에 의해 심각한 주목을 거의 받지 못했다. 여기에는 여러 가지 이유가 있었다. 먼저 과연 이산화탄소의 증가가 적외선 복사를 더 많이 가로막는지에 대해 의문이 제기되었다. 실제로 이산화탄소가 들어 있는 튜브를 써서 실험을 해본 결과, 이산화탄소의 양을 2배로 늘리거나 반으로 줄이거나 해도 흡수되는 적외선의 양은 거의 변화하지 않았다. 바꿔 말해 아주 적은 양의 이산화탄소만 가지고도 스펙트럼상의 특정 대역이 거의 완전히 흡수되는 '포화' 현상이 나타났던 것이다. 그리고 대기 중 이산화탄소의 양이 과연 실제로 증가하는가 자체도 의문시되었다. 당시 바다에는 대기 중에 포함된 것보다 50배나 더 많은 이산화탄소가 녹아 있다는 사실이 알려져 있었는데, 과학자들은 설사 인간의 활동으로 대기 중 이산화탄소의 양이 증가한다 해도 이는 곧 바다 속으로 흡수되어버릴 거라고 믿었다. 바다가 대기 중 이산화탄소의 양을 일정하게 유지시켜주는 '평형자' 역할을 한다는 것이 그들의 믿음이었다.

또한 아레니우스의 이론은 실제 기후계에 존재하는 수많은 변수들을 매우 단순화시켜 이해했다는 비판을 받았다. 예컨대 대기 중 이산화탄소의 증가로 기온이 올라가 대기 중 습도가 높아지면 구름이 더 많이 만들어지게 되는데, 이 구름은 태양에서 오는 빛이 지표면에 도달하기 전에 곧장 우주공간으로 반사시키는 역할을 하므로 온도를 다시 낮추는 효과를 갖는다. 따라서 구름의 반사효과가 수증기의 온실효과와 서로 상쇄되어 실제로는 지구가 전혀 더워지지 않을 수도 있었다. 이러한 반박들로 인해 아레니우스의 이론은 1950년대 이전까지 사실상 무시되다시피 했다. 1938년에 영국의 증기기술자 가이 스튜어트 캘린더(Guy Stewart Callendar)가 대기 중 이산화탄소 농도의 변화에 관한 실제 자료에 근거해 아레니우스와 비슷한 주장을 펼쳤으나, 마찬가지의 이유로 이 역시 진지하게 받아들여지지 않았다.

변화의 조짐이 일기 시작한 것은 제2차 세계대전이 끝나고 냉전이 막 시작되던 1950년대부터였다. 제2차 세계대전 중에 적외선 추적장치와 같은 전쟁무기 개발을 위해 적외선 분광학이 크게 발전했는데, 여기서 개발된 최신의 측정장치들은 이산화탄소의 양과 적외선 흡수의 관계에 대해 과거와 다른 결과를 내놓았다. 지표면과 같은 1기압 환경에서는 이산화탄소 양의 증가가 흡수되는 적외선의 양에 별반 영향을 못 미치지만, 공기가 차고 희박해지는 대기권 상층부에서는 이산화탄소 양의 증가가 적외선 복사를 더 많이 가로막을 수 있다는 것이었다. 1950년대 초에 록히드 항공사에서 적외선 감지장치를 이용하는 열추적 미사일을 개발하던 길버트 플래스(Gilbert Plass)는 이러한 결과를 디지털 컴퓨터 — 역시 제2차 세계대전 중에 처음 개발된 — 에 집어넣어 이산화탄소 양의 증가가 실제 기온 상승으로 이어질 수 있음을 보였다.

▲ 한스 수에스의 1972년 모습. 그는 1950년대에 C_{14}를 이용한 추적 연구를 통해 대기 중 이산화탄소 가운데 얼마나 많은 양이 화석연료의 연소에서 나왔는지를 알아내려 시도했다.

그러나 증가한 이산화탄소를 바다가 모두 흡수할 거라는 반론은 여전히 남아 있었다. 이에 대한 답변은 화학자인 한스 수에스(Hans Suess)와 해양학자 로저 레벨(Roger Revelle)이 제공했다. 수에스는 탄소의 방사성 동위원소인 C_{14}를 추적해 대기 중에 있는 이산화탄소 가운데 얼마나 많은 양이 석탄 등 화석연료의 연소에서 나왔는지를 선구적으로 연구했다. 그러나 그는 처음에 자료의 한계로 인해 증가한 이산화탄소의 대부분이 바다 속에 흡수된다는 잘못된 결론을 얻었다. 이를 바로잡은 사람이 레벨이었다. 레벨은 바다 표면에서 기체가 얼마나 흡수되며 이러한 표면의 해수가 더 깊은 해수층과 어떻게 뒤섞이는가 하는 문제에 관심을 갖고

▲ 로저 레벨은 해양학자로 자신의 경력을 시작했고, 이산화탄소와 해수 사이의 화학반응을 연구했다. 나중에 그는 이 주제의 연구를 다시 시작해 해수에 의한 이산화탄소의 흡수가 생각보다 훨씬 느리다는 사실을 발견했다.

▲ 대기 중 이산화탄소 양의 지속적인 정밀 측정에 결정적인 공헌을 한 찰스 킬링.

국제지구물리관측년

우리가 살고 있는 행성에 대해 좀더 많은 사실을 알아보는 취지로 추진된 국제 과학 프로젝트로 1957년 7월부터 1958년 12월까지 18개월간 진행되었다. 국제과학협의회(ICSU)와 유네스코의 후원을 받아 지구과학의 여러 분야를 망라하는 다양한 관측이 이뤄졌고 밴앨런복사대의 발견이나 해저 지자기의 측정 등 중요한 성과도 여럿 있었다. 이 기간 동안 소련과 미국이 각각 최초의 인공위성을 발사하기도 했다.

있었는데, 이 문제에 관한 그의 관심은 당시 대기 중 수소폭탄 실험에서 나온 방사능 낙진이 해수 속에 어떻게 뒤섞이는가 하는 문제와 뒤엉켜 있었다. 레벨은 대기 중에 새로 보태어진 이산화탄소 기체의 대부분이 10년 이내에 바다 속으로 흡수되긴 하지만, 해수 특유의 화학작용에 의해 흡수된 분자의 대부분이 다시 대기 중으로 방출된다는 사실을 발견했다. 결국 그는 바다 표면이 이전까지 믿어졌던 것에 비해 훨씬 적은 — 과거 계산과 비교해 10분의 1도 안 되는 — 이산화탄소만을 흡수할 수 있다고 결론지었다.

이러한 새로운 연구성과들은 지구온난화를 하나의 현실적 가능성으로, 하나의 문제로 인식하게 만들었다. 이에 따라 레벨과 수에스는 1957~1958년에 67개 국이 참여해 마련된 국제지구물리관측년(International Geophysical Year, IGY)* 프로그램의 일환으로 대기 중 이산화탄소의 양을 측정할 계획을 세웠다. 그들은 이 계획을 위해 찰스 킬링(Charles Keeling)이라는 젊은 지구화학자를 고용했는데, 킬링은 대기 중 이산화탄소 양의 정밀한 측정 업무를 맡기에 적합한 특이한 기질의 소유자였다. 그는 값비싼 신형 장비를 구입해 하와이의 마우나로아 화산 꼭대기와 남극 깊숙이에 각각 설치함으로써 교란이 최대한 없는 상태에서의 이산화탄소 양을 정밀하게 측정하려 했다. 애초 레벨이 의도했던 것은 앞으로 대기 중 이산화탄소 양의 변화를 측정하는 데 필요한 기준값을 마련하는 것이었으나 킬링은 이를 훌쩍 뛰어넘었고, 불과 2년간의 측정을 통해 이산화탄소 양이 실제로 증가하고 있다는 결론을 이끌어냈다. 킬링의 측정 자료는 이내 '킬링 커브(Keeling curve)'라는 이름으로 불리게 되었고, 이후 이른바 온실효과가 실제로 일어나고 있음을 보여주는 상징과도 같은 존재로 널리 알려지게 되었

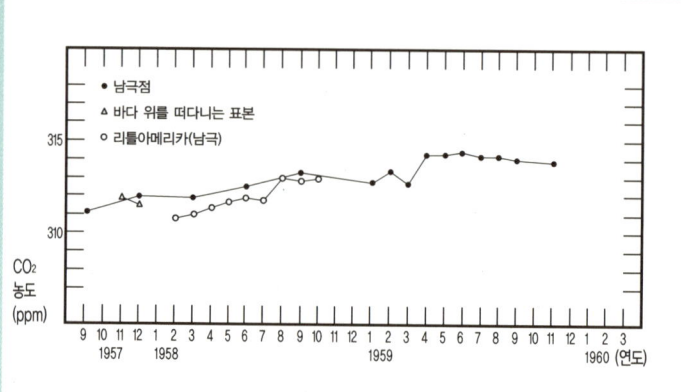

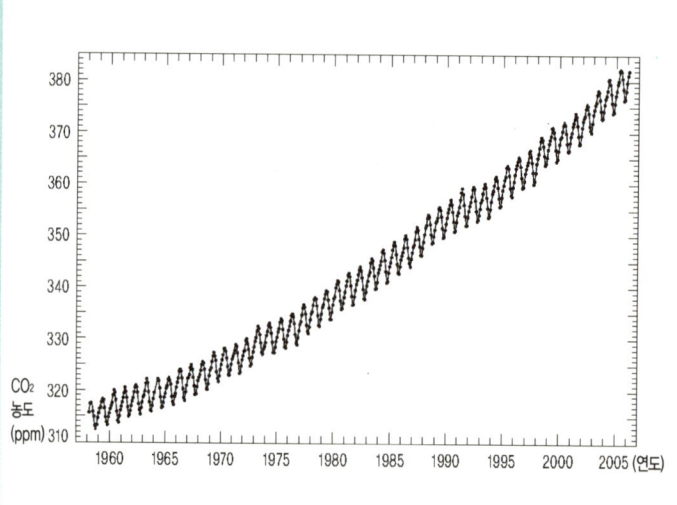

킬링 커브. 1960년에 킬링은 불과 2년간의 관측을 통해 이산화탄소 양의 증가를 실증했다. 위쪽 그래프는 1958~1960년에 남극에서 관측한 결과이다. 킬링은 이후에도 현재까지 이산화탄소 양의 변화 추이를 지속적으로 측정했다. 아래쪽 그래프는 하와이의 마우나로아 화산에서 관측한 결과로 관측 초기부터 2005년까지의 추이를 한눈에 보여준다.

다. 지구온난화가 하나의 이론적 개념에서 현실적 가능성으로 탈바꿈한 것이 바로 이때였다.

정책영역으로의 진입과 대응방안의 모색

아울러 이 시기를 전후해 인간이 만든 기술이 자연환경을 돌이킬 수 없이 변화시킬 수 있다는 인식이 생겨나기 시작했다. 냉전 초기에 미·소 양 진영에 의해 경쟁적으로 양산된 핵무기는 지구상의 모든 생명체를 멸종시킬 수도 있는 존재로 인식되었다. 도시의 매연과 자동차 배기가스는 '죽음의 스모그' 공포를 불러일으켰고, 레이첼 카슨의 『침묵의 봄』은 합성살충제가 야생 생태계를 위협할 수 있음을 고발했다. 이러한 상황을 보면서 사람들은 과거 광대한 자연에 비해 보잘것없다고 여겼던 인간의 활동이 지구 전체를 바꿔놓을 수도 있다는 사실을 깨닫게 되었고, 이는 화석연료의 연소가 기후를 변화시킬 수 있다는 시각을 갖는 데도 도움이 되었다.

한편, 빙하기 도래의 원인을 찾으려는 지구과학자들의 쉼없는 시도는 새로운 연구수단을 통해 계속 진전되었다. 그들은 빙하와 만년설, 해저 퇴적물 속의 방사성 동위원소 추적을 통해 과거 지구의 기온과 대기 조성의 변화를 알아내려 시도했다. 이 과정에서 그들은 종전까지 적어도 수천 년 이상에 걸쳐 서서히 진행되는 것으로 이해되었던 대규모의 기후변화(가령 빙하기에서 간빙기로의 이전과 같은)가 수 세기, 심지어는 불과 수십 년, 수 년 만에도 일어날 수 있다는 새로운 사실을 발견했다. 이와 같은 '급격한 기후변화'의 발견은 인간의 활동으로 인한 지구온난화 역시 그처럼 빠른

◀ 1990년대 초 그린란드의 만년설에서 뽑아낸 3킬로미터 깊이의 얼음이 콜로라도 주 덴버에 냉동 보관되고 있다. 얼음에 대한 방사성 동위원소 시계열 분석은 마지막 빙하기 말에 급격한 대규모의 기후변화가 있었다는 사실을 밝혀냈고, 이는 다시 가까운 미래에 인간의 활동에 의해 그와 같은 급격한 기후변화가 일어날 수 있음을 시사해주었다.

변화로 나타날 수 있다는 인식을 심어주었다.

이러한 일련의 변화들은 과학자들이 지구온난화로 인해 제기되는 위협을 단순한 가능성이 아니라 점차 현실의 문제로 받아들이게 하는 데 영향을 미쳤다. 1970년대에 접어들면서 일부 과학자들은 직접 대통령에게 편지를 쓰거나 일반인을 위한 책을 집필하거나 하는 방법을 써서 정책결정자와 일반대중에게 지구온난화 문제의 잠재적 심각성을 알리려 했다. 지구온난화 문제를 다루는 연구그룹과 학술회의들이 점점 더 많아졌고, 이런 자리는 기후변화 문제에 관한 더 많은 연구와 적절한 정책적 대응을 촉구하는 기회를 제공하기도 했다.

1980년대 들어 기후변화 문제는 정치의 영역으로 진입했다. 온실효과로 인해 지구가 점점 더워지고 있다는 과학자들의 분석이 종종 『뉴욕타임스』 같은 주요 일간지의 1면을 장식했고, 온실효과와 지구온난화에 대한 대중의 인지도도 크게 높아졌다. 지구온난화 문제에 대해 즉각 정책적 대응을 시작해야 하느냐, 아니면 문제가 좀더 분명해질 때까지 기다려야 하느냐를 둘러싼 과학자, 정치인, 기업, 정부기구 들 간의 논쟁은 언론과 대중의 관심을 더욱 제고시키는 구실을 했다. 일례로 1981년에 실시된 설문조사에서는 미국 성인 중 38퍼센트가 온실효과에 관해 들어본 적이 있다고 답했고, 대기 중 이산화탄소의 증가가 날씨 패턴의 변화에 심각한 영향을 미칠 거라는 답변이 거의 3분의 2를 차지했다. 이러한 수치는 1980년대를 거치면서 더욱 증가해 1989년에는 미국 성인의 79퍼센트가 온실효과에 대해 들어본 적이 있다고 답할 정도로 지구온난화는 대중적인 주제가 되었다.

지구온난화 문제에 관한 국제적인 공동연구와 대응책 마련을 위해 1988년에는 기후변화에 관한 정부간위원회(Intergovernmental Panel on Climate Change, IPCC)가 구성되었다. IPCC는 과학자들 위주로 구성된 과거의 기구들과 달리, 수천 명에 달하는 각국 정부·NGO·기업체 대표 들과 과학자들이 함께 활동하는 기구로 만들어졌다. IPCC는 참가자들의 합의된 의견을 모아 1990년에 첫 번째 보고서를 발표했고, 1995년에는 기념비적인 것으로 평가된 두 번째 보고서를 내놓았다. IPCC의 입장이 점차 정교화되고 분명해지게 된 배경에는 1950년대 이후 줄곧 진화를 거듭해온 디지털 컴퓨터와 이를 이용한 수치 모델링의 발전이 큰 역할을 했다. 1995년의 보고서에서 IPCC는 "증거들을 균형있게 고려할 때 인간은 지구의 기후에 식별 가능한 영향을 미치고 있다"고 단언하면서, 21세기 중반쯤에 대기 중 이산화탄소의 양이 2배가 되면 지구의 평균 기온은 섭씨 1.5~4.5도 상승하게 될 것으로 내다보았다. 인간의 산업활

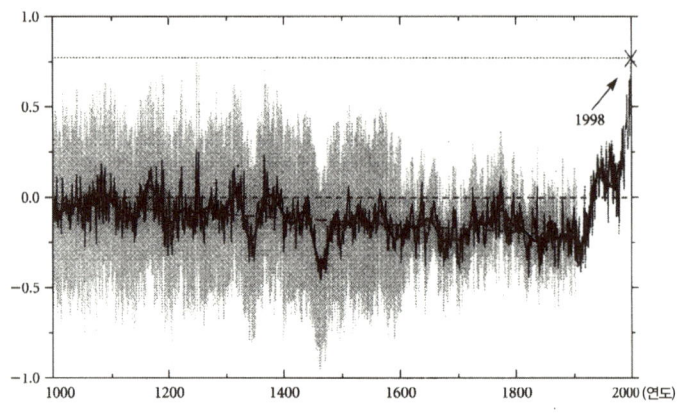

◀ 지난 1000년간의 북반구 평균기온의 추이를 재구성한 일명 '하키 스틱' 그래프(1999년). 굵은 점선으로 표시된 중세 이후의 지속적 하강 경향이 20세기 들어 급격한 상승 경향으로 대체되는 것을 볼 수 있다. 이 그래프는 2001년에 나온 IPCC의 세 번째 보고서에서 중요한 근거로 쓰였다.

동이 지구온난화의 원인이라는 IPCC의 결론은 소수의 회의론자들을 뺀 대다수의 기후과학자들에 의해 정설로 받아들여지고 있으며, 1992년 리우 지구정상회의*에서 채택된 기후변화협약과 1997년 교토 의정서* 등 지구온난화 문제 해결을 위한 국제조약들의 근거로 활용되고 있다.

그러나 현재 지구온난화 문제가 얼마나 심각한지, 또 그에 대한 대응이 얼마나 시급하게 요구되는지에 대해 완전한 합의가 이뤄진 것은 아니다. 인간 활동의 결과로 대기 중 이산화탄소의 농도가 증가했으며 이것이 지구의 평균기온 상승에 강력한 요인으로 작용하고 있는 것은 의심의 여지가 없지만, 이를 넘어서 앞으로 50년 후, 100년 후의 지구 평균기온 변화와 그에 따른 파급효과를 예측하는 것은 상당히 큰 불확실성을 내포하는 일이기 때문이다. 가령 2100년까지 지구온난화로 인해 해수면이 몇 센티미터나 상승할지와 같은 일견 간단해 보이는 문제도 전문가에 따라 대수롭지 않은 결과에서 파국적인 결과까지 예측의 편차가 매우 크게 나타난다. 이러한 불확실성의 존재는 미국의 부시 행정부와 석유관

리우 지구정상회의
정식 명칭은 유엔환경개발회의로, 경제개발의 개념을 재고하고 천연자원 고갈과 환경오염에 대한 대안을 모색하기 위해 1992년 6월 브라질의 리우데자네이루에서 172개 국이 참여한 가운데 개최되었다. 향후 전세계적으로 지속가능한 발전의 방향을 규정한 '리우선언', 리우선언의 실천 프로그램인 '의제21', 그리고 생물다양성협약, 기후변화협약 등 중요한 문서들이 회의 결과 도출되었다.

교토 의정서

리우 지구정상회의에서 채택되어 1994년 발효된 기후변화협약에는 원래 개별 국가들에 대한 의무 감축량이나 강제수단에 관한 조항이 없었다. 대신 기후변화협약을 비준한 국가들의 대표가 매년 참여하는 당사국총회(COP)에서 의무 감축량을 논의하기로 결정했는데, 1997년 교토에서 열린 제3차 당사국총회(COP-3)에서 통과된 의무 감축안을 담은 것이 교토 의정서이다. 이에 따르면 선진국들은 2013년까지 1990년 배출량을 기준으로 6~8퍼센트를 감축하기로 하고 개발도상국에 대해서는 예외조항을 두었으며, 탄소배출권 거래제를 도입해 의무 감축량을 유연하게 적용할 수 있게 했다.

련 기업들로 하여금 온실기체 배출에 대한 규제를 회피할 수 있게끔 하는 구실을 제공해주고 있기도 하다. 이에 따라 불확실성을 인정한 그 위에서 인류 공통의 과제인 지구온난화에 어떻게 대처할 것인지를 민주적으로 결정하는 것이 우리 앞에 놓인 숙제로 부각되고 있다.

환경호르몬이 제기하는 새로운 위협

'내분비 저해 가설'의 기원과 현재

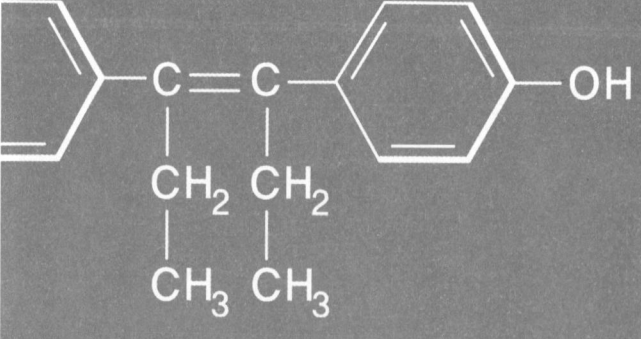

레이첼 카슨의 『침묵의 봄』은 합성화학물질이 야생동물을 비롯한 생태계뿐 아니라 사람의 건강에도 위협을 가할 수 있음을 보여준 선구적 저작이었다. 특히 카슨은 합성화학물질이 돌연변이 유발을 통해 인체에 암을 일으킬 가능성에 주목했고, 이로부터 영향을 받아 인체에 위험한 화학물질은 곧 '발암물질'이라는 식의 사고방식이 많은 사람들의 뇌리에 깊숙이 자리를 잡게 되었다.

그러나 1980년대에 접어들면서 합성화학물질이 생태계와 인간에 미치는 영향을 이해하는 새로운 방식이 등장했다. 특정한 화학물질이 몸 속의 호르몬 작용에 간섭할 수 있다는 문제가 본격적으로 제기되기 시작했던 것이다. 호르몬은 뇌하수체, 갑상선, 부신, 생식기 등 동물의 내분비선에서 분비되는 물질로, 혈관을 따라 온몸을 돌면서 몸의 각 부분에 반응을 일으키는 일종의 '화학 신호'로서의 구실을 하며, 이로써 인간을 포함한 동물의 발달, 성장, 생식, 행동에 중요한 영향을 미친다. 그런데 어떤 화학물질은 체내에서 호르몬과 유사하게 작용하거나 호르몬의 기능을 저해하는 방식으로 작용해 정상적인 발달이나 대사(代謝)를 방해할 수 있다는 사실이 점차 알려지게 되었다.

일명 '내분비계 교란물질(endocrine disruptor)'로 불리는 이들 화학물질(국내에서는 일본의 전례를 따라 '환경호르몬'이라는 이름으로 더 잘 알려져 있다)로 인해 빚어지는 문제점에 관해서는 1980년대 이전부터 산과학(産科學), 독성학, 야생동물 생태학 등 여러 분야의 학자들에 의해 산발적으로 연구가 이루어져 왔다. 그러나 이들 연구가 '내분비 저해 가설'이라는 공통된 문제의식 아래 집약되어 과학계의 주목을 끌기 시작한 것은 1980년대 후반에 와서였고, 이 과정에서 테오 콜본(Theo Colborn)이라는 여성 동물학자의 역할이

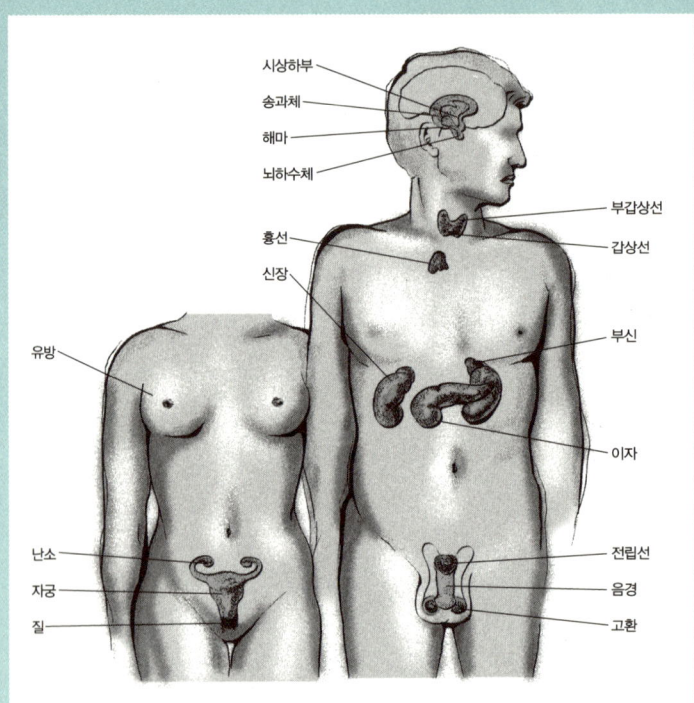

◀ 인체에서 호르몬 신호를 내보내는 주요 분비샘과 기관, 조직.

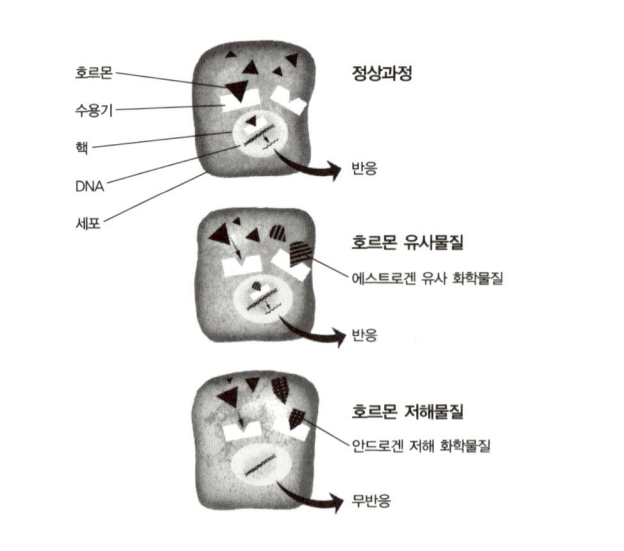

◀ 내분비계 교란물질이 다양한 방식으로 호르몬의 전달을 방해하는 모습.

결정적이었다. 1990년대 이후 콜본은 내분비 저해 가설을 일반대중에게 널리 알리고 이에 대한 정책적 대응을 촉구하는 데서도 대단히 중요한 역할을 수행하게 된다. 그러면 먼저 내분비 저해 가설에 이르기까지의 과학 연구의 역사를 간단히 살펴보자.

내분비 저해 가설로 이어진 세 갈래 길

내분비 저해 가설의 기원을 추적해보면 크게 세 갈래의 연구가 진행되어 왔음을 볼 수 있다. 이들 연구 각각은 다른 분야의 연구를 서로 모르는 상태에서 독립적으로 진행되었다. 그중 가장 먼저 시작된 것은 최초의 합성 에스트로겐*(여성호르몬)인 디에틸스틸베스트롤(diethylstilbestrol, DES)의 문제점에 얽힌 연구였다.

DES는 영국의 과학자 에드워드 찰스 도즈(Edward Charles Dodds)가 1938년에 합성해낸 물질로, 천연 에스트로겐과 화학구조가 전혀 유사하지 않음에도 체내에 들어가면 에스트로겐과 같은 반응을 일으킨다. 이 물질은 1941년 미국식품의약국(FDA)이 신약 승인을 내준 이후 폐경기 증후군이나 월경 불순 등에 대한 치료약으로 널리 쓰였고, 임신한 여성의 유산이나 사산을 방지한다는 명목으로 산부인과 의사들에 의해 흔히 처방되었다. 당시에는 이런 여러 가지 증상들이 여성호르몬의 부족 때문에 야기된다고 의사들이 믿었기 때문이었다. 1940년대 후반부터 1971년까지 산부인과 의사들은 미국에서만 300만이 넘는 임신한 여성들에게 이 약을 처방했다. 비슷한 시기에 DES는 농업에서 가축의 성장을 촉진시킨다는 명목하에 활발히 쓰이기 시작했다.

에스트로겐
성호르몬의 일종으로 남성과 여성의 몸에서 모두 발견되지만, 주로 여성의 몸에서 제2차 성징을 일으키고 자궁내막을 두껍게 하며 월경주기를 조절하는 등의 중요한 역할을 하는 호르몬이다.

◀ 체내의 천연호르몬과 살충제 DDT, 합성호르몬 DES의 분자구조를 비교한 모습. DDT와 DES는 분자구조가 전혀 다른데도 체내에서 에스트로겐과 유사한 효과를 낸다.

에스트로겐(에스트라디올)

테스토스테론

DDT

DES

그러나 얼마 안 가 DES는 이러한 증상들을 치료하는 데 효과가 없다는 사실이 밝혀졌다. 더욱 충격적이었던 사실은 DES가 실험 동물에 강력한 발암효과를 가지며, 임신한 동물의 경우 탯줄을 넘어 후손에까지도 영향을 미치는 '대물림 독물'이라는 것이었다. 임신 중에 DES를 복용한 여성이 낳은 자녀에게서 암이나 다양한 생식기 기형 등이 나타난 사례들이 속속 발견되었다. 가령 1971년에는 대단히 희귀한 종류의 질암에 걸린 20세 미만 여성 8명을 조사한 연구결과가 발표되었는데, 이들 중 한 명을 빼면 나머지 여성들의 어머니는 임신 기간에 DES를 정기적으로 복용한 적이 있었다. 또한 이 시기를 전후해 미국국립환경보건과학연구원(NIEHS)의 존 맥러클런(John McLachlan)은 임신한 쥐에 대한 실험을 통해 DES가 여자뿐 아니라 남자 후손에 대해서도 다양한 악영향을 미친다는 사실을 밝혀냈다. 이후 조사된 바에 따르면 자궁 내에서 DES에 노출된 남성은 생식기 기형, 정자 수 감소, 정자의 질 하락과 같은 증상을 보이는 것으로 나타났다. 'DES 딸'과 'DES 아들'에서 나타난 증상들은 사람의 몸 바깥에 존재하는 에스트로겐 유사물질에 대한 경각심을 높이는 데 일조했다.

이어 산업폐기물이나 도시폐기물에서 배출된 화학물질과 살충제 등 농약류가 야생동물의 번식 이상과 연관이 있음을 시사하는 야외 연구와 실험실 연구들이 쏟아져 나왔다. 사실 합성화학물질이 야생동물에 미치는 악영향은 카슨의 『침묵의 봄』에서 이미 그 단초가 제시된 적이 있었다. 1970년대 들어 과학자들은 카슨의 관찰과 예측이 많은 점에서 옳았다는 사실을 확인했다. 새들이 번식에 실패하는 이유 중 하나는 살충제가 알껍데기를 얇게 만들어 어미가 알을 품을 수 없게 되기 때문이었다. 또한 돌고래처럼 바다에 사는 포유류에서 전염병이 훨씬 더 자주 발생하게 된 것은 합성화학물질에 대한 잦은 노출 때문에 동물의 면역계가 손상을 입은 데 기인하는 것으로 추측되었다. 해양 생태계에서 먹이사슬의 위쪽에 위치할수록 오염물질이 점점 더 많이 체내에 농축되는 생물증폭(biomagnification) 현상이 나타나기 때문이다.

그러나 일견 분명해 보이는 이러한 현상들 외에도 쉽게 설명하기 힘든 이상한 문제들이 야생동물에서 발견되기 시작했다. 독수리나 갈매기와 같은 야생조류들은 수컷과 암컷 간에 통상적인 구애 행동을 통한 짝짓기를 하지 않고 '빈둥거리'거나 암컷들끼리 짝을 지어 둥지를 지키는(이른바 '동성애 갈매기') 등의 괴이한 번식 행동을 보였다. 두말할 것 없이 이런 행동의 변화는 번식률의 하락과 개체수의 감소로 이어졌다. 야생동물에서의 이상이 가장 눈에 띄었던 곳은 인근 도시에서 나온 폐수로 수질오염이 극심했던 미국과 캐나다 접경의 오대호 연안이었는데, 이곳 인근에서 사육되는 동물이나 야생동물들은 교배를 통해 새끼를 낳지 못하거나 괴상한 기형이 생겨 새끼들이 알에서 깨기 전에 죽는 문제를 흔히 경험했다. 또한 플로리다 주의 아포프카 호수에서 나타난 악어 개체수의 급격한 감소는 수컷 생식기의 크기가 비정상적으로 작아서 생겨난 문제였다. 이에 따라 1980년대 후반에는 이처럼 다양한 번식 이상 문제를 서로 잇는 연결고리가 무엇인지에 대한 의문이 본격적으로 제기되었다.

마지막으로 내분비 저해 가설로 이어진 세 번째 갈래는 남성의 불임과 고환암에 관한 연구였다. 이 연구는 앞서의 두 갈래와는 달리 유럽에서 문제의식의 단초가 먼저 나타났고, 특히 덴마크의 의사이자 내분비학자인 닐스 스카케벡(Niels Skakkebaek)이 중요한 역할을 했다. 스카케벡은 남성의 불임을 전문분야로 하는 의사였는데, 이와 함께 소아 내분비학에 대해서도 깊은 관심을 가지고 있었다. 어른 남성에게서 나타나는 생식 이상이 훨씬 더 이른 시기, 즉 아동기나 심지어 태어나기 전의 발생 과정에서 유래한다고 믿었기 때문이었다. 그는 이런 문제의식을 발전시켜, 태아 때 형성된 비정상세포가 이후 청년기에 고환암을 일으키는 원인이 된다는 이론을 제시해 주목을 받았다.

1980년대 들어 스카케벡은 고환의 비정상세포와 생식 이상 사이의 관계를 연구하기 위해 연구센터 내에 정자 실험실을 만들었다. 1970년대 후반부터 인공수정과 시험관수정의 이용이 늘어나고 상업적 정자은행의 수가 많아진 것이 이러한 작업을 수월하게 해주었다. 그의 연구팀은 이내 정액의 낮은 질(정자 수의 감소와 낮은 운동성)과 다양한 생식기 이상(고환암, 잠복고환증 등) 사이의 연관관계를 찾아냈다. 그런데 놀랍게도 연구팀은 고환암에 걸리지 않은 '정상' 남성의 경우에도 대략 50퍼센트 정도가 비정상적인 형태의 정자를 가지고 있다는 사실을 밝혀냈다. 후속 논문에서 스카케벡은 1938년부터 1990년 사이에 1만 5000여 명의 남성을 대상으로 이루어진 61개 연구를 분석해, 이 기간 동안 남성의 정자 수가 거의 절반으로(1밀리리터당 1억 1300만 개에서 6600만 개로) 감소했다는 충격적인 연구결과를 발표했고, 임신 중에 에스트로겐 유사물질에 노출된 것을 유력한 원인으로 지목했다. 이러한 연구들은 언론의 즉각적인 관심을 끌었고 영국의 BBC 방송은 〈남성에 대한 공격〉이라는 제목의 다큐멘터리를 만들어 방영하기도 했다. 합성 화학물질이 남성의 정자 수 감소와 연관되어 있을지 모른다는 연구결과는 인간이 생식불능 상태에 빠져 멸종할 수 있다는 묵시록적인 전망과 결부되면서 일반대중의 이목을 집중시켰다.

콜본의 '종합'과 「도둑 맞은 미래」

1980년대 중반에 이르면 이처럼 오늘날의 내분비 저해 가설로 이어지는 각각의 갈래들 — DES의 부작용, 야생동물의 번식 이상, 남성의 정자 수 감소 — 에서의 연구성과는 상당한 정도로 축적되어 있었다. 그러나 이들은 서로 독립적으로 연구하면서 자신의 비주류적인 문제의식을 납득시키기 위해 악전고투하고 있었을 뿐, 이러한 여러 갈래들을 하나의 문제틀로 엮어보려는 시도를 하지는 못했다. 가장 큰 이유는 내분비 저해 가설이 대단히 많은 전문 과학분야들을 한데 묶은 다(多)학문적인 이해를 요구했기 때문이었다. 가령 DES의 부작용은 산과학과 내분비학, 야생동물의 번식 이상은 생태학과 독성학 하는 식으로 각각의 문제를 이해하는 데 필요한 전문분야가 제각각이었다. 게다가 각 분야의 전문가들은 서로 다른 학술지에 논문을 발표하고 자기 분야의 과학자들끼리만 서로 교류하는 경향이 컸기 때문에 이들이 만나 각자 갖고 있는 지식과 문제의식을 나눌 수 있는 기회 자체가 극히 드물었다. 이들 연구자는 미국, 영국, 덴마크 등 세계 각지에 흩어져 있어 지리적인 거리감을 극복하는 문제도 쉬운 일이 아니었다.

이런 상황을 넘어, 일견 서로 무관해 보이는 다양한 문제와 연구자들을 하나의 틀로 묶어내는 데 결정적인 역할을 했던 사람이 바로 테오 콜본이었다. 콜본은 대단히 특이한 이력을 가진 인물로, 내분비 저해 가설을 구성하는 많은 과학분야의 신참에 불과했고 대학에 자리를 잡은 학자도 아니었지만, 오히려 '아웃사이더'로서 갖는 장점을 살려 다방면의 지식을 섭렵하고 퍼즐 조각들을 끼워 맞추는 데 성공함으로써 이전까지 그 어느 누구도 해내지 못한 '종합'을 이뤄냈다.

▲ 테오 콜본.

콜본은 제2차 세계대전 직후에 약대를 졸업한 후 남편과 함께 약국을 개업했다가 1962년부터는 콜로라도 주의 농장을 사들여 시골에서 20여 년을 보냈다. 그녀는 농장을 운영하면서도 틈을 내어 야외에서 새를 관찰하는 데 정열을 쏟았고 지역의 환경단체에서 자원활동을 하면서 인근 수역을 보호하는 데 각별한 관심을 기울였다. 환경운동을 하면서 얻게 된 문제의식을 계속 살려나가기로 작심한 콜본은 51세 되던 해에 늦깎이로 대학원 석사과정에 입학했고 58세 되던 1985년에 위스콘신 대학교에서 동물학 박사학위를 받았다. 그녀는 1987년에 워싱턴의 비영리기구인 자연보호재단의 연구원 자리를 얻었는데, 이곳에서 내분비 저해 가설의 단초를 던져준 오대호 연안의 독성물질 오염에 관한 기초자료 조사를 담당하게 되었다.

그녀는 오대호 연안에서 개체수 감소를 겪고 있는 14개 종에 대

W. 앨튼 존스 재단
석유회사인 시티즈 서비스 사(Cities Service Company)의 회장을 역임했고 아이젠하워 대통령과 각별한 친분이 있었던 미국의 기업가 W. 앨튼 존스가 1944년에 설립한 재단이다. "전 세계 인류의 복지와 복리를 증진한다"는 모토하에 예술, 교육, 환경운동 등 여러 분야를 지원하고 있다.

자궁 내 위치효과
새끼를 여러 마리 낳는 다태동물의 자궁 내에서 수컷 태아들 사이에 위치한 암컷 태아는 남성호르몬인 테스토스테론에 더 많이 노출되어 공격성을 띠게 되고, 반대로 암컷 태아들 사이에 위치한 수컷 태아는 여성호르몬인 에스트로겐에 더 많이 노출되어 그 반대 경향을 보이는 것을 말한다.

해 연구를 집중했고, 이 문제를 이해하기 위해 대략 2000편 이상의 과학 논문과 500편이 넘는 정부 보고서를 섭렵했다. 이를 통해 기존의 연구성과들을 정리한 후 그녀는 예상치 못한 결론에 도달했다. 오대호 연안의 생물종에서 나타나는 개체수 감소는 이전까지 믿어졌던 것과 달리 화학물질로 인해 유발된 암 때문이 아니라, 생식 이상이나 새끼들에 나타나는 발달 이상 때문이라는 것이었다. 이는 독성 화학물질이라고 하면 곧장 발암물질을 떠올렸던 이전까지의 독성학 패러다임으로부터 크게 벗어나는 결론이었다. 그녀는 이러한 결론을 1990년에 출간된 저서 『위대한 호수, 위대한 유산? Great Lakes, Great Legacy?』에서 조심스럽게 제시했으나 당시 이런 결론의 중요성을 인식한 사람은 극히 적었다.

콜본의 문제의식이 더 넓어지고 관련된 연구를 하는 과학자들 간의 네트워크가 형성되기 시작한 데는 W. 앨튼 존스 재단*의 이사장으로 막 취임했던 존 피터슨 마이어스(John Peterson Myers)의 역할이 컸다. 마이어스는 취임 직후에 콜본을 이 재단에서 새로 마련한 2명의 선임연구원 중 한 사람으로 초빙했고, 콜본은 보수나 연구비 걱정 없이 연구를 계속해나갈 수 있는 여건을 얻었다. 그녀는 자신의 발견을 다른 분야의 과학자들과 공유하고 이를 통해 그들이 자신의 전문지식 분야를 재검토할 수 있도록 하는 데 전력을 쏟았다. 이 과정에서 그녀는 새끼를 여러 마리 낳는 다태동물에서 나타나는 자궁 내 위치효과(positioning effect)*를 연구하던 프레드릭 폼 살(Frederick vom Saal)을 만났다. 폼 살은 콜본을 만난 후 환경 속에 방출된 합성화학물질로 관심의 방향을 돌렸고 이후 내분비 저해 가설을 지지하는 대표적인 과학자로 인정받게 된다.

1991년 7월 콜본이 조직하고 마이어스와 W. 앨튼 존스 재단이 후원해 열린 윙스프레드 회의는 내분비 저해 가설의 역사에서 하나의 분수령이 되었다. 그동안 서로 고립되어 연구하고 있던 과학자들이 콜본을 매개로 한 자리에 모였고, 자신들의 경험과 연구성과를 서로 나누었다. 콜본, 맥러클런, 폼 살, 마이어스 등 이 자리에 모인 학자들은 상이한 분야들에서 수집된 증거들이 서로 맞아떨어지는 데 스스로도 놀라움을 감추지 못했고 인식의 지평이 넓어지는 것을 경험했다. 한 참가자는 윙스프레드 회의 참여가 일종의 '종교적 체험'이었다고 털어놓았을 정도였다. 마이어스의 제안에 따라 참가자들은 회의가 끝난 후 합의가 이루어진 사항을 선언문의 형태로 발표했고, '윙스프레드 선언문'*은 이후 내분비 저해 물질에 대한 정책적 대응을 논의하는 과정에서 주춧돌 구실을 하게 된다.

▲ 『도둑 맞은 미래』의 표지.

콜본은 여기서 한 걸음 더 나아가 아직까지 좁은 과학계에만 머물러 있던 내분비 저해 가설을 대중적으로 널리 알리기 위한 책을 구상했다. 그러나 학술회의 조직 등으로 바빠져 책을 쓸 시간을 내기 어려워졌고 자신이 책을 쓸 경우 너무 딱딱한 내용이 되지 않을까 걱정도 되었기 때문에, 그녀는 과학 전문 저술가인 다이앤 더마노스키(Dianne Dumanoski)와 힘을 합쳐 공동 집필을 하기로 결심했다. 나중에 마이어스가 합류해 모두 3명이 공동으로 집필한 이 책은 1996년에 『도둑 맞은 미래 Our Stolen Future』라는 제목으로 출간되어 언론의 비상한 주목을 끌었고, 내분비 저해 문제에서의 『침묵의 봄』이라는 찬사를 받았다. 이 책은 1999년까지 16개 언어로 번역되어 전세계적으로 수십만 권이 팔려나감으로써 내분비계 교란물질의 문제를 대중적으로 알리는 데 큰 공헌을 했다.

윙스프레드 선언문
1991년 윙스프레드 회의에 참가했던 21명의 과학자들이 합의한 내용을 정리한 문서이다. 참가자들이 생각하는 확신의 정도에 따라 내용을 ▲확실한 것 ▲확신을 가지고 추정할 수 있는 것 ▲현재 모델로 예측가능한 것 등으로 나누어 기술했다. 내분비 저해 가설을 처음으로 공식화하고 정책적 권고와 함께 이후의 연구를 위한 과제를 제시해 내분비 저해 가설의 역사에서 중요한 이정표로 손꼽힌다.

내분비 저해 가설의 현재

콜본을 중심으로 한 과학자들의 활발한 활동에 힘입어 내분비 저해 가설은 합성화학물질이 인체와 생태계에 미치는 영향을 이해하는 주요한 틀로 자리를 잡았고, 내분비 저해 연구에 들어가는 연구비와 이 문제에 천착하는 연구팀의 수도 크게 증가했다. 2004년에 콜본은 산업체의 로비에 맞서 내분비 저해 가설의 성립과 확산에 기여한 공로를 인정받아 미국의 시민단체인 공익과학센터(CSPI)가 수여하는 레이첼 카슨 상을 받기도 했다.

그러나 내분비 저해 가설은 아직까지 과학계에서 논쟁에 휩싸여 있고, 내분비계 교란물질이라는 이유만으로 특정 화학물질의 사용을 금지한 조치가 시행된 전례도 없다. 내분비 저해 가설이 여전히 상당 부분 불확실하기 때문이다. 내분비계 교란물질이 정확히 어떤 메커니즘을 통해 다양한 신체 이상을 일으키는지에 관한 인과적 설명이 미흡하고, 이들 물질이 환경 속에 어느 정도의 농도로 존재했을 때 독성이 나타나는가 하는 문턱값을 놓고도 논란이 크다. 또한 다양한 화학물질들이 환경 속에 같이 존재하는 경우, 이들을 모두 합친 것과 같은 부가적인 효과가 나타나는지 여부도 첨예한 논쟁거리이다. 내분비 저해 가설을 지지하는 콜본과 같은 과학자들은 사전예방원칙에 따라 규제를 강화할 것을 주장하지만, 화학산업계를 포함해 회의적 태도를 가진 진영에서는 내분비 저해 가설이 엄밀한 과학적 근거가 결핍된 신기루에 불과하다며 맞서고 있다. 이런 대립구도 속에서 많은 과학자들은 어떤 규제조치를 취하기 위해서는 더 많은 연구가 이루어져야 한다는 조심스러운 태도를 취하고 있다. 내분비 저해 가설이 가야 할 길은 아직도 멀다.

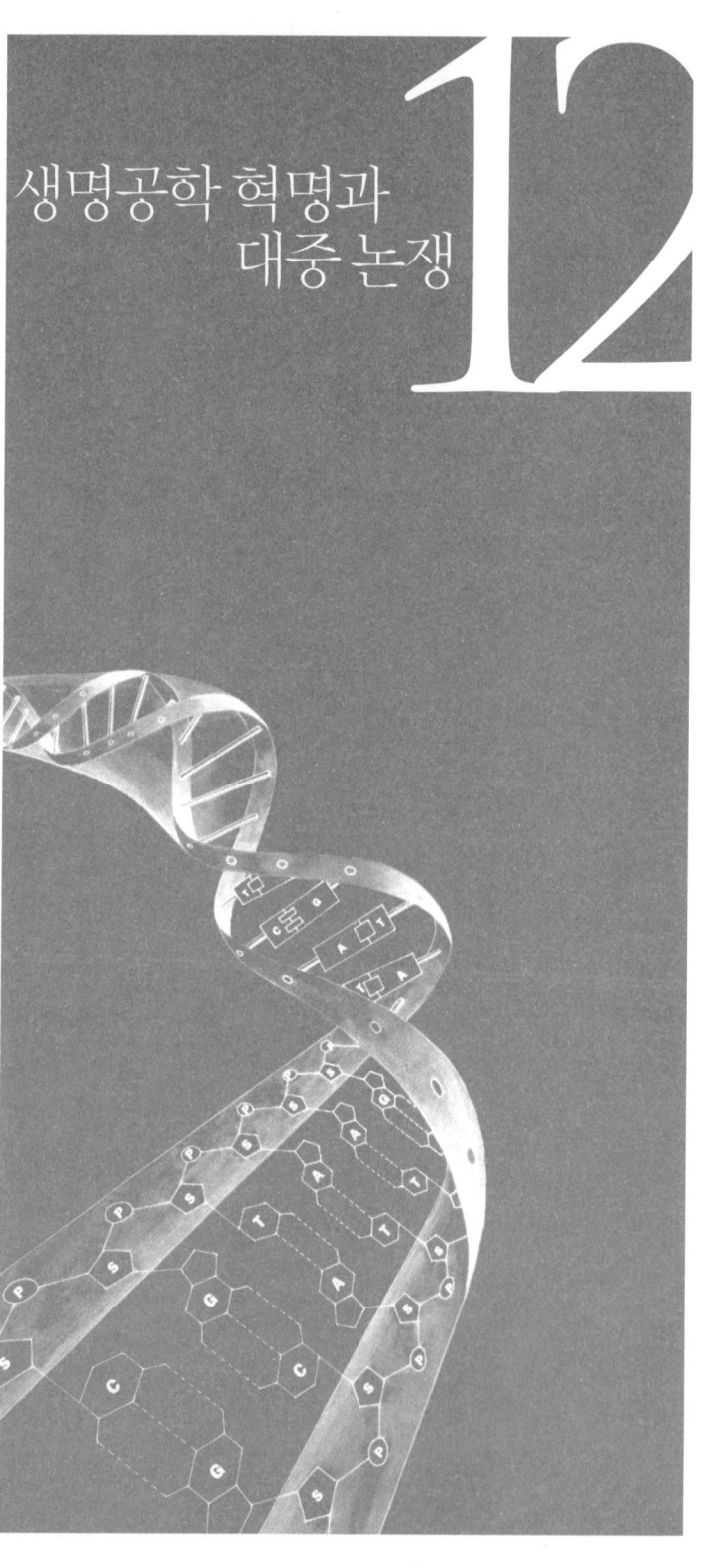

12

생명공학 혁명과
대중 논쟁

흔히 20세기가 물리학의 시대였다면 21세기는 생물학의 시대가 될 것이라고 한다. 잘 알려진 것처럼 20세기 전반기는 물리학에서 상대성이론과 양자역학으로 대표되는 '혁명'이 진행된 시기였고, 물리학이 지닌 '힘'은 제2차 세계대전을 통해 원자폭탄이라는 극적인 형태로 표출되었다. 이는 대중에게 과학이 지닌 힘의 상징으로 각인되었고, 물리학은 전후 수십 년 동안 과학 내부의 위계뿐 아니라 대중적 이미지에서도 높은 지위를 누릴 수 있었다. 이는 규모가 매우 큰 입자가속기의 건설과 같은 고에너지물리학의 거대과학 프로젝트에 대한 적극적인 지원을 가능케 한 원동력이기도 했다.

그러나 1950년대 초 DNA 이중나선 구조의 규명으로 촉발된 분자생물학의 급부상과 1970년대 DNA 재조합 기법의 개발에서 비롯된 생명공학의 발전은 20세기 후반 들어 과학계의 중심추를 생물학 쪽으로 옮겨 놓았다. 이러한 변화는 1970년대부터 '기초'연구에 대한 맹목적 지원보다는 '사회적 필요에 부합하는' 과학 연구의 중요성이 강조되면서 생의학(biomedicine) 분야에 대한 대대적인 지원이 전개된 사회 분위기의 변모와 무관하지 않다. 생명공학은 과학의 상업적 응용이 강조된 1980년대 이후의 흐름을 타고 빠른 속도로 발전해왔고, 이러한 경향은 현재에도 지속되고 있다.

오늘날 생명공학은 한편으로 무병장수와 일확천금의 미래를 가져다줄 21세기 첨단 과학기술의 대표주자 중 하나로 간주되곤 한다. 그러나 다른 한편으로 생명공학은 인간성의 상실, 자연질서의 교란, 사회문제의 악화를 초래할 수 있는 '나쁜 과학'의 대명사로 인식되기도 한다. 그렇다면 이처럼 격렬한 찬반 논란에 휩싸여 있는 생명공학은 어떤 과정을 거쳐 오늘날의 모습을 갖게 되었을까? 이를 크게 세 가지의 이론적·실험적 발전을 중심으로 살펴보자.

DNA 이중나선 구조의 규명

1953년 4월에 미국의 생물학자 제임스 왓슨(James Watson)과 영국의 물리학자 프랜시스 크릭(Francis Crick)은 모든 생명체의 유전과 형질 발현에 관여하는 물질인 DNA의 이중나선 구조를 제안한 1쪽짜리 논문을 『네이처』지에 발표했다. 이 논문은 동료 과학자들 사이에서 즉각 그 중요성을 인정받았으며, 분자생물학의 역사에서 가장 중요한 사건 중 하나로 기록되었다. 그러나 2명의 젊은 과학자가 유전의 메커니즘과 DNA의 구조와 관련된 모든 사항들을 스스로의 힘으로 규명해낸 것은 아니었다. 그들의 업적의 배경에는 그 이전까지 한 세기에 달하는 유전학과 생화학의 발전이 있었다.

1865년 오스트리아의 수도사였던 그레고르 멘델(Gregor Mendel)의 완두콩 실험은 대립형질의 유전에서 나타나는 통계적 법칙을 보여줌으로써 유전학의 기틀을 닦았다. 멘델은 자신의 유전법칙을 통해 유전현상은 부모 세대에서 자식 세대로 어떤 '분리 가능한 인자' — 나중에 '유전자(gene)'로 명명된 — 가 전달됨으로써 나타남을 암시했다. 멘델의 유전법칙은 1900년에 여러 명의 과학자들에 의해 '재발견'되었다. 1910년대에 미국의 생물학자 토머스 헌트 모건(Thomas Hunt Morgan)은 초파리 연구를 통해 초파리의 여러 특징들(눈 색깔과 날개 모양)이 유전자에 의해 전달되며, 유전자는 초파리의 염색체 위에 있음을 밝혀냈다.

이러한 연구들은 생물학자들 사이에서 유전자의 본성에 관한 논쟁을 낳았다. 과연 유전자가 물리적 실체인가, 아니면 생명현상에 고유한 일종의 '조직원리'인가 하는 문제가 그것이었다. 1927년 허먼 멀러(Hermann Joseph Muller)는 방사선을 쬔 초파리에서

『네이처』 1953년 4월 25일자에 실린 왓슨과 크릭의 기념비적 논문 「핵산의 분자구조」.

DNA 분자구조 모형을 앞에 두고 설명하고 있는 왓슨(왼쪽)과 크릭(오른쪽).

돌연변이가 유발됨을 보임으로써 유전자가 일종의 물질적 실체라는 설득력 있는 증거를 제시했고, 1935년 베를린에서 시작된 막스 델브뤼크(Max Delbrück) 등의 연구는 유전자가 상대적으로 안정된 고분자(macromolecule)*로서 물리적·화학적 방법을 사용해 분석될 수 있음을 보여주었다. 1937년 미국으로 건너온 델브뤼크는 바이러스에서 인간에 이르는 모든 생명체의 기능과 생식을 설명하는 동일한 원리를 찾을 수 있다는 신념에 근거해, 박테리오파지*를 주된 연구대상으로 정하고 이를 위한 공동연구 집단인 '파지 그룹(Phage Group)'을 이끌었다.

1940년대 초에는 대다수의 생물학자들이 유전자는 단백질이라고 생각했다. 단백질은 세포의 많은 부분을 이루고 있으며, 생명체의 필수 대사에서 촉매작용을 하는 물질이기도 하다. 그러나 1944년 미국 록펠러 연구소의 오즈월드 에이버리(Oswald Avery)는 인체에 무해한 박테리아를 유해한 감염성 박테리아로 바꿔놓는 형질전환 요인이 단백질이 아닌 디옥시리보핵산, 즉 DNA라는 사실을 밝혀냈다. 이것은 1952년 방사성 동위원소 추적자를 이용한 앨프리드 허시(Alfred Hershey)와 마사 체이스(Martha Chase)의 실험을 통해 재차 확증되었다. DNA가 유전물질임이 확인된 것이었다.

왓슨과 크릭이 DNA의 구조를 규명하는 데 착수한 것은 바로 이즈음이었다. 그들은 DNA의 구조 규명에 있어서도 여러 과학자들의 연구로부터 도움을 받았다. 이때쯤에는 어윈 샤가프(Erwin Chargaff), 라이너스 폴링 등의 연구성과에 힘입어 DNA가 당과 인산, 그리고 아데닌(A), 구아닌(G), 시토신(C), 티민(T)이라는 4개의 염기로 구성되어 있고 나선구조를 이루고 있다는 사실이 이미 알려져 있었다. 왓슨과 크릭은 직접 실험은 하지 않았지만 물리화학

고분자
100개 이상의 원자로 구성되어 있고 분자량이 1만 이상인 큰 분자를 말한다. 과학분야에 따라 이 용어가 지칭하는 의미가 조금씩 다른데, 생물학에서 고분자는 생명체를 구성하는 네 가지 큰 분자들, 즉 핵산, 탄수화물, 지방, 단백질을 가리킨다. 큰 분자량 때문에 통상의 분자와는 다른 독특한 물리적 성질을 지니는데, 물에 잘 녹지 않고 액체 혹은 고체 상태로만 존재한다는 점 등이다.

박테리오파지
박테리아와 같은 단세포생물은 세포 내에 핵이 없고 DNA가 큰 고리 모양의 한 개의 염색체에서 발견되는데 이를 원핵세포라 한다. 반면 여러 개의 세포로 구성된 다른 생명체의 세포들에는 핵이 있고 DNA는 핵 속의 염색체상에 존재하는데 이를 진핵세포라 한다. 박테리오파지는 그중 박테리아와 같은 원핵세포에 침투해 증식하는 바이러스를 가리키는 말이다.

 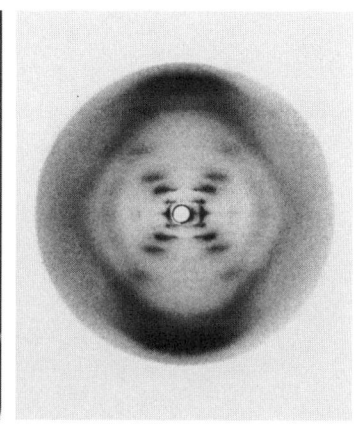

▶ 로절린드 프랭클린(왼쪽)과 그녀가 찍은 DNA의 X선 회절 사진(오른쪽). 이 사진은 왓슨과 크릭이 DNA의 이중나선 구조를 확신하게 하는 결정적 증거가 되었다. 그녀는 1958년에 38세의 나이로 요절해 아깝게 노벨상 수상을 놓쳤다.

자였던 로절린드 프랭클린(Rosalind Franklin)이 찍은 DNA의 X선 회절 사진을 입수할 수 있었고, 이런 모든 자료를 종합해 DNA의 이중나선 구조를 제안했다. 이 구조에 따르면 DNA는 당과 인산이 결합해 만든 2개의 축이 서로 꼬여 있고, 이로부터 안쪽으로 튀어나온 염기가 아데닌은 티민과, 구아닌은 시토신과 각각 수소 결합을 하고 있는 형태였다. 왓슨과 크릭의 설명은 구조 자체만으로 DNA의 자기복제를 간단하게 이해할 수 있다는 단순성과 심미성의 측면에서 많은 찬사를 받았다.

왓슨과 크릭은 1953년 5월에 발표된 후속 논문에서 배열된 염기 순서(ACGGT…)가 바로 유전의 '암호'라고 암시했다. 이러한 문제의식에서 출발해 DNA의 염기 순서가 어떻게 생물체를 구성하고 대사를 조절하는 단백질 합성을 지시하는가 하는 유전암호를 해독해낸 것은 1960년대 말이었다. 이에 따르면 염기들은 3개를 한 단위(코돈, Codon)로 해서 각각이 단백질을 구성하는 20가지 필수 아미노산 중 한 가지의 합성을 지시한다. DNA 위에 있는 이러한 염기의 배열은 리보핵산(RNA)으로 전사(轉寫)된 후 이것이 다시 특정

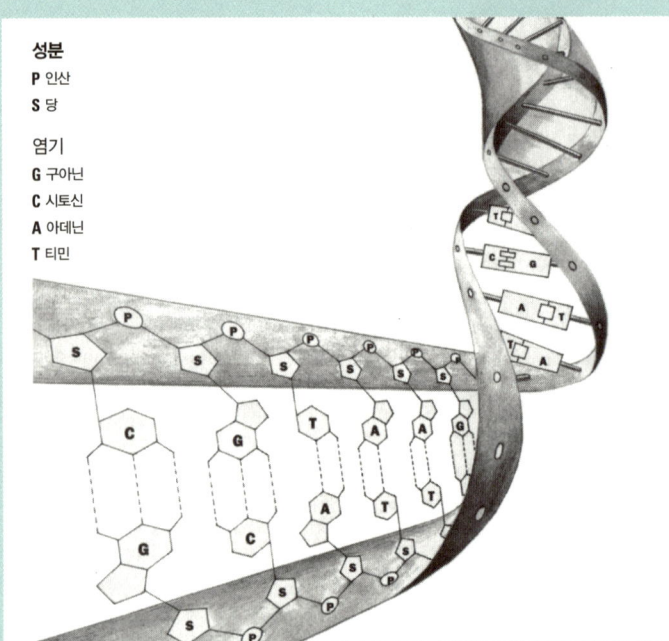

◀ DNA의 이중나선 구조. 나선형으로 꼬인 두 축은 당(S)과 인산(P)이 번갈아 결합하고 있으며, 그 사이로 A, C, G, T의 네 염기가 결합해 사다리의 단을 이루고 있다.

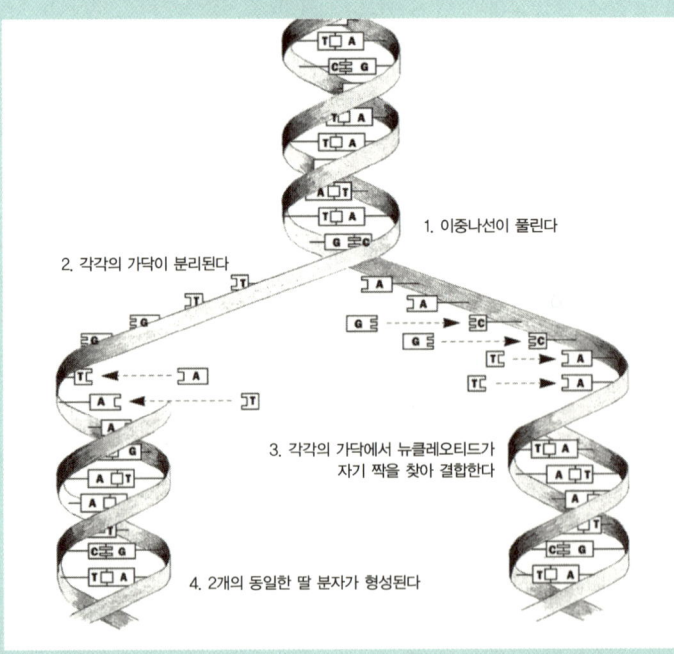

◀ DNA의 복제과정. 이중나선이 풀려 각각의 나선이 새로운 DNA 분자를 형성하는 주형(鑄型) 구실을 한다.

단백질을 구성하는 일련의 아미노산 합성을 지시하게 된다.

DNA 구조 규명과 유전암호의 해독은 고전 분자생물학의 완성을 가져왔다. 유전물질의 구조와 기능, 그리고 복제 메커니즘이 규명되어 이제 분자생물학자들은 유전자의 기능을 분자적인 수준에서 탐구할 수 있게 되었다. 이러한 탐구에 크게 힘을 실어주면서 분자생물학의 실제적 응용을 촉진한 것이 바로 DNA 재조합(recombinant DNA) 기법이었다.

DNA 재조합 기법의 등장과 대중 논쟁

DNA 재조합 기법이란 생물체의 DNA 중 일부를 잘라내어 이를 다른 생물체에서 잘라낸 DNA와 이어붙여 새로운 DNA를 만드는 기법을 말한다. 이렇게 만든 '재조합 DNA'는 특정 종(種)의 DNA를 다른 종의 세포로 옮겨넣는 데 사용할 수 있다. 어떤 의미에서 보면 이는 과학이 아니라 기술의 영역에 속한다. 그러나 DNA 재조합 기법은 분자생물학의 지식을 인간에게 유용한 산물을 만드는 데 응용할 수 있도록 해주었을 뿐 아니라 분자생물학의 새로운 연구에도 큰 도움을 주었다.

과학자들은 박테리아와 박테리아 사이, 혹은 박테리아와 박테리오파지 사이의 DNA 교환을 보면서 DNA 재조합 기법의 힌트를 얻었다. 바이러스는 스스로는 증식할 능력이 없으며 반드시 살아 있는 다른 세포를 이용해야 하는데, 가령 박테리오파지는 박테리아 내부로 자신의 DNA를 주입해 박테리아의 DNA에 달라붙게 함으로써 자신에게 필요한 DNA와 단백질 껍질을 만든다. 과학자들은 다른 세포를 '감염'시키는 이러한 바이러스의 능력을 이용해 주어진 세포에 새로운 유전자를 주입하려 했다. 그러나 이를 위해서는 먼저 DNA에서 원하는 특정 부위를 잘라내고 이를 바이러스의 DNA와 이어붙일 수 있는 방법을 알아내야 했다.

제한효소(restriction enzyme)가 바로 그러한 수단을 제공해주었다. 제한효소는 박테리아가 박테리오파지와 같은 외래 DNA의 침입에 대항하기 위해 분비하는 효소인데, DNA를 특정 부위에서 자르는 일종의 '분자 가위' 역할을 한다. 1970년에 베르너 아르버(Werner Arber)와 해밀턴 스미스(Hamilton Smith)는 제한효소를 발견하고 이를 분리해내는 데 성공했고, 1972년에는 폴 버그(Paul Berg)가 이끄는 연구팀이 박테리아 유전자와 원숭이 바이러스를 재조합한 새로운 DNA 분자를 만들어냈다. 이어 1974년에는 허버트 보이어(Herbert Boyer)와 스탠리 코헨(Stanley Cohen)이 박테리아에 있는 원형 DNA 분자인 플라스미드(plasmid)*를 이용해 두꺼비의 DNA를 박테리아에 집어넣고, 이렇게 '이식'된 DNA가 RNA로 전사될 수 있음을 보여주었다. 즉, 고등동물의 단백질을 박테리아를 써서 합성해낼 수 있는 가능성이 열린 것이었다.

DNA 재조합 기법의 도입은 생명을 '조작'할 수 있는 전례없는 수단을 제공했다는 점에서 많은 과학자들을 흥분시켰다. 그러나 이와 동시에 DNA 재조합 기법을 통해 전에 없던 새로운 병원체가 만들어져 공공보건에 심대한 위협을 가할 수 있다는 우려가 제기되었다. 과학자들은 이러한 위험을 스스로 알리고 『사이언스』와 『네이처』 등에 서한을 보내 자체적인 일시적 연구중단(moratorium)을 호소했다. 이어 1975년 2월에는 미국 캘리포니아 주 아실로마에서 학술회의를 열어 DNA 재조합의 위험성을 최소화하기

플라스미드
세포 내에서 염색체에 있는 DNA 외에 따로 존재하는 작은 DNA 고리를 가리키는 말이다. 플라스미드는 대부분 박테리아와 같은 단세포생물에서 발견되며, 세포와 세포 사이를 쉽게 오갈 수 있는 특성을 지녔다. 이런 성질을 이용해 플라스미드에 우리가 원하는 유전자를 삽입해 만든 재조합 플라스미드를 벡터(vector)라고 부르며, 유전공학자들이 새로운 형질을 세포에 주입할 때 이용한다.

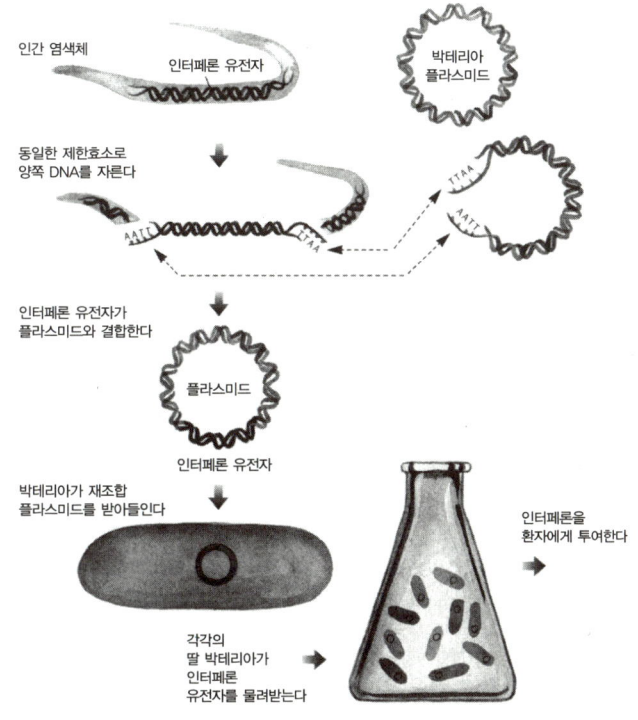

▶ 인간의 인터페론 유전자를 박테리아에 주입해 박테리아로 하여금 인터페론 단백질을 생산하게 하는 DNA 재조합 과정의 예시.

아실로마 회의
DNA 재조합 기법의 잠재적 위험과 그에 대한 대응방안을 논의하기 위해 1975년 2월 캘리포니아의 아실로마 컨퍼런스 센터에서 개최된 학술회의이다. 폴 버그, 시드니 브레너, 데이비드 볼티모어 등 지도적인 생물학자들이 준비 과정에서 주도적인 역할을 했고, 과학자, 법률가, 기자, 정부관리 등 초청받은 140여 명의 전문가들이 참여했다. DNA 재조합 실험을 그 위험도에 따라 여러 개의 등급으로 나누고 각각의 등급에 대해 상이한 물리적·생물학적 봉쇄 기준을 적용하는 규제지침안을 도출해 이후 DNA 재조합 연구 재개를 가능케 한 시금석이 되었다.

위한 구체적인 방안을 논의했고, 이듬해 1월에는 미국국립보건원이 아실로마 회의*의 권고안에 근거해 DNA 재조합 실험을 규제하는 규칙을 제정했다.

그러나 DNA 재조합을 둘러싼 논쟁은 여기서 그치지 않았다. DNA 재조합은 새로운 병원체의 위험성을 둘러싼 과학자들간의 의견대립에서 그치지 않고, 새로운 연구기법의 함의를 둘러싼 대중적인 논쟁으로 확산되었다. 미국의 일부 지역에서는 DNA 재조합 기법에 대한 반대가 위험성이 높은 실험을 수행하는 유전공학 실험실의 신규 건설을 저지하는 운동으로 발전했다. 일례로 하버드 대학교가 위치한 케임브리지 시에서는 1976년에 시 의회가 높은 위험을 수반하는 유전공학 실험을 금지하는 조치를 취했고, 뒤

▶ DNA 재조합 연구에 대한 1970년대의 만평들. 자연을 조작하는 것에 대한 대중의 반감과 조작의 결과로 나타난 새로운 생명 형태에 과학자들이 책임을 져야 한다는 인식이 스며 있다.

이어 일반시민들로 구성된 케임브리지실험심사위원회(CERB)가 전문가들의 증언을 청취한 후 DNA 재조합 실험에 대한 추가적인 안전조치를 권고하기도 했다. 이와 같은 일반시민들의 정책영역 진출은 과학자들이 서로 다른 종들 간에 유전자를 뒤섞어 '새로운 생명 형태'를 만들어내는 것 — 다시 말해 과학자들이 '신 노릇(playing God)'을 하는 것 — 에 대한 윤리적 반대와 함께 이러한 기법이 인간에게 응용되어 유해한 우생학적 실천을 낳을지 모른다는 우려를 그 배경으로 했다.

유전공학의 상업화와 응용 분야들

그러나 1970년대 후반 이후부터는 새로운 연구기법에 대한 과학자들의 지지와 유전공학을 통해 얻어질 수 있는 상업적 이득에 대한 기대가 반대의 목소리를 압도하기 시작했다. 유전공학에 대한 반대가 한풀 꺾인 것은 DNA 재조합의 위험성을 과학자들이 잘 관리해나갈 수 있음을 보여줌과 동시에, 유전공학이 가져올 수 있는 장밋빛 미래(의약품으로 쓰이는 단백질의 대량생산, 뿌리혹박테리아를 이식해 스스로 질소고정을 하는 작물, 인간의 유전병 치료)를 그려낸 것이 크게 작용했다. 1980년대 들어 DNA 재조합에 대한 규제는 약화되고 세계는 본격적으로 생명공학의 시대로 진입했다.

생명공학은 초기부터 상업화의 양상을 강하게 띠었다. DNA 재조합 실험을 최초로 성공시킨 보이어와 코헨은 1976년에 제넨텍(Genentech)이라는 생명공학 기업을 설립했는데, 이 회사는 1978년에 당뇨병 치료에 쓰이는 인슐린을 DNA 재조합 박테리아를 써서 만들어냈다고 발표함으로써 성가를 드높였다. 제넨텍 이후 이를 모델로 한 수많은 생명공학 기업들이 우후죽순처럼 생겨났고, 이러한 경향은 대학 연구의 상업화를 돕기 위해 미국 의회가 1980년에 베이돌 법(Bayh-Dole Act)을 제정하고 같은 해 대법원 판결을 통해 미국특허청이 살아 있는 생물체인 '기름 먹는 박테리아'* 에 대한 특허를 허용하면서 더욱 강화되었다. 생명공학 기업들은 유전공학 기법을 써서 만들어낸 새로운 공정이나 생물 형태, 심지어 유전자에 대한 특허까지도 경쟁적으로 출원했고, 이는 생명의 상품화에 대한 우려를 낳고 있다.

1980년대 이후는 유전공학으로 만들어낸 산물들이 본격적으로 사람들의 일상 속에 진입하기 시작한 시기였다. 농업분야에서는 DNA 재조합 기법을 이용해 만든 소 성장 호르몬(rBGH)이 젖소의 산유량을 증가시키기 위해 사용되기 시작했다. 또한 콩, 옥수수 등의 작물에 제초제저항성이나 해충저항성 같은 유용한 형질을 집어넣은 유전자변형(genetically modified, GM) 작물이 1980년대

기름 먹는 박테리아
유조선 사고 등으로 생겨난 해수면의 유막(油膜)을 제거하기 위해 만들어진 박테리아. 1971년 제너럴 일렉트릭(GE)에서 근무하던 아난다 차크라바티 박사가 석유를 분해할 수 있는 것으로 알려진 기존의 박테리아 4종의 DNA를 조합해 만들어냈다. 애초에 미국특허청은 이 박테리아가 살아 있는 생명체라는 이유로 GE의 특허권 신청을 기각했으나, 관세 및 특허 법원은 GE의 항소를 받아들여 차크라바티의 특허를 인정했고, 1980년 미국 연방대법원은 5:4로 원심을 확정해 특허를 최종 승인해 주었다.

에 야외 포장시험*을 거친 후 1996년부터 상업적으로 재배되었다. 그러나 GM식품은 출시된 직후부터 사람이 섭취했을 경우의 인체 안전성이나 주변 생태환경에 대한 위해 가능성 등을 놓고 격렬한 논쟁을 야기했다. 특히 유럽연합(EU)의 각국 정부와 일반시민들은 GM식품의 안전성을 불신해 수입을 거부하면서 GM식품의 주요 재배국이자 수출국인 미국과 첨예한 통상마찰을 빚었다.

포장시험(圃場試驗)
실제의 논이나 밭과 같은 조건에서 하는 농작물의 재배에 관한 시험을 말한다.

유전공학은 의료 쪽에서도 여러 가지 방식으로 응용되었다. 유전병을 가진 환자 몸 속에 있는 결함 있는 유전자를 정상 유전자로 '갈아끼워' 유전병을 고치려는 유전자치료(gene therapy)는 1990년부터 임상시험이 이뤄지기 시작했으나, 치료의 효과나 임상시험의 안전성 여부를 놓고 논란이 계속되고 있다. 1990년대 말부터는 이식용 장기 부족 사태를 해결하기 위해 동물장기 이식(xenotransplantation)이 새로운 대안으로 부각되기 시작했는데, 면역 거부반응을 줄이기 위해 인체에 급격한 면역반응을 일으키는 특정 유전자의 발현을 억제시킨 형질전환 돼지를 만들기 위한 시도가 이루어지고 있다. 그러나 여전히 남아 있는 면역 거부반응, 치명적인 동물의 질병이 종의 경계를 뛰어넘어 인간에게 건너올 가능성, 동물의 장기를 이식받은 사람의 정체성을 어떻게 봐야 할 것인가 하는 윤리적 문제 등이 겹쳐지면서 동물장기 이식의 미래는 여전히 불투명하다.

복제, 무성생식 기술의 정점

1990년대 말에는 생명공학에서 중대한 과학적·상업적 함의를 갖는 또하나의 진전이 있었다. 과학자들이 고등동물을 복제하는 데 성공을 거둔 것이다. 복제, 즉 클로닝(cloning)은 살아 있는 생명체와 유전적으로 동일한 '복사본'을 만드는 것을 말한다. 식물의 경우는 줄기나 가지를 꺾어 접붙이기를 하면 쉽게 얻을 수 있다는 사실이 이미 고대부터 알려져 있었다. 그러나 유성생식을 하는 고등동물의 경우 이를 가능케 하기란 쉽지 않았다. 1920년대 후반에 독일의 발생학자 한스 슈페만(Hans Spemann)은 핵을 제거한 도롱뇽의 난자에 도롱뇽 배아의 핵을 삽입해 일종의 동물복제를 성공했다고 발표했다. 이후 이와 똑같은 과정을 다 자란 성체동물에도 적용할 수 있을 거라는 희망 섞인 예측이 나오기도 했으나, 이러한 시도는 번번이 실패했다. 1951년 미국의 로버트 브릭스(Robert Briggs)와 토머스 킹(Thomas King)은 개구리의 배아세포를 이용한 복제에 성공했으나, 좀더 분화된 세포로부터 나온 핵을 이용했을 때는 실패했다. 이는 다른 연구팀에서 나온 비슷한 연구결과와 맞물려, 성체동물의 복제는 불가능하다는 인식을 강화시켰다.

이러한 인식을 뒤집어놓은 것은 1990년대 중반 스코틀랜드 로슬린 연구소의 이언 윌머트(Ian Wilmut) 연구팀이었다. 윌머트는 '적절한 조건'에서 핵을 채취하는 것이 성체동물에 대한 복제의 성공을 좌우하는 관건이라고 믿었다. 이를 위해 같은 연구팀의 키스 캠블(Keith Campbell)은 세포를 저영양 상태에서 배양함으로써 휴지기인 G0 상태로 만드는 방법을 고안해냈다. 그들은 이 방법을 써서 여섯 살 난 암양의 유선(乳腺) 세포의 핵을 빼낸 후 핵을 제거한 난자에 이식했고, 277번의 실패 끝에 1996년 7월 '돌리'라고 이름붙인 복제양을 출산시키는 데 성공했다.

동물복제는 DNA 재조합과 같은 유전공학의 기법과 함께 적용

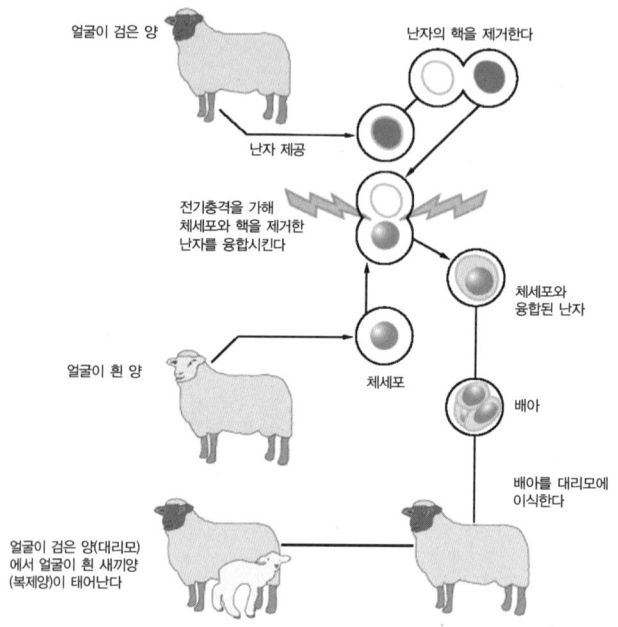

◀ 복제양을 만들어내는 과정. 난자의 핵을 빼내고 '굶긴' 체세포의 핵을 이식해 전기충격을 주면 이것이 정상적으로 수정된 난자처럼 배아로 발생하기 시작한다. 이것을 대리모의 자궁에 이식하면 체세포를 제공한 양과 유전적으로 동일한 복제양이 탄생하게 된다.

했을 때 가장 유용성이 커진다. 윌머트 자신이 애초에 동물복제에 나서게 된 배경도 이른바 '분자 농장(molecular farming)', 즉 동물의 유전자를 조작해 혈액응고제처럼 인간이 필요로 하는 단백질을 생산하게 하는 과정의 효율을 증진시키기 위해서였다. 이와 같은 동물은 배아 단계에서 인간의 유전자를 삽입하는 방식으로 만들어지지만, 정작 태어난 유전자변형 동물 중에서 원하는 단백질을 발현시키는 것은 5퍼센트에 지나지 않았다. 그러나 일단 유전자변형에 성공한 동물을 복제할 수만 있다면, 이러한 전 과정의 효율이 비약적으로 향상될 거라는 것이 윌머트의 생각이었다. 생명공학 기업인 PPL 세러퓨틱스(PPL Therapeutics)가 윌머트의 연구를 후원했던 이유도 바로 여기에 있었다.

1997년 2월 『네이처』에 발표된 돌리의 탄생은 즉각적으로 엄청난 반향을 불러왔다. 이는 곧 인간의 개체복제로 이어질 수 있는 가능성을 제시해준 것으로 여겨졌기 때문이다. 일반대중은 아인슈타인 같은 위대한 과학자뿐 아니라 히틀러 같은 독재자의 복제를 떠올리며 전율했고, 세계 각국의 언론은 5명의 마이클 조던으로 구성된 농구팀, 미국의 건국 시조들을 복제해 '살아 있는 역사'를 보여주는 테마파크 등에 관한 가십성 기사들을 앞다투어 실었다. 돌리 탄생에 뒤이어 세계 각국의 정부와 국제기구들은 인간의 개체복제를 금지하는 법안 마련에 나섰고, 일부 국가들은 모든 종류의 인간복제를 금지하는 법을 만들기도 했다.

그러나 1998년 이후 줄기세포 연구가 급부상하면서 인간복제는 배아줄기세포 연구에 대한 응용 가능성으로 다시한번 주목받게 되었다. 줄기세포(stem cell)는 인간의 신체를 구성하는 모든 세포로 분화할 수 있는 만능 세포를 말하는데, 시험관아기 시술을 시도하다가 남은 배아나 출산 후 탯줄에 든 혈액(제대혈), 성인의 골수 등에서 얻을 수 있다. 그런데 환자 자신의 체세포를 이용해 복제배아를 만들고 거기서 줄기세포를 추출하면 면역 거부반응이 없는 이식용 세포나 장기를 만들어낼 수 있을 거라는 기대감이 높아지면서 인간 '배아' 복제가 새롭게 쟁점으로 부각되기 시작했다. 인간 배아복제는 이른바 '환자맞춤형' 줄기세포를 만들어낼 수 있는 잠재력을 갖고 있지만, 성체로 발달할 수 있는 잠재력을 가진 배아를 파괴해야 줄기세포를 만들 수 있고 복제배아를 만드는 과정에서 수많은 난자를 필요로 하는 사회적·윤리적 문제점을 안고 있다. 이 쟁점을 둘러싼 논쟁은 2005년 말 '황우석 사태'를 정점으로 전세계적으로 뜨겁게 달아올랐고, 지금도 현재진행형이다.

13

망원경의 거대화와
천문학의 거대과학화

현대과학의 특징 가운데 하나인 거대과학 연구에서는 실험기구의 중요성이 과거와는 비교할 수 없을 정도로 커졌다. 과거에는 과학자가 자신의 목적에 맞게 실험기구를 적당히 만들어 쓰거나 구입해 쓸 수 있었던 반면, 막대한 자금과 인력이 투입되어야 비로소 만들어질 수 있는 오늘날의 실험기구들은 그런 식으로 과학자 개개인의 입맛에 맞추기가 어려워졌다. 또한 특정 과학분야에서는 거대한 실험 내지 관측기구의 존재 여부가 해당 분야의 성패를 좌우할 수도 있을 정도로 기구에 대한 의존성이 커졌다.

20세기 천문학에서도 바로 이러한 관측기구에 대한 의존성이 두드러지게 증가하는데, 여기서 결정적인 장비는 두말할 것 없이 망원경이다. 19세기 말부터 지속된 망원경의 거대화 경향은 천체물리학의 주요한 이론적 발전을 이끈 결정적 단서들을 제공했다. 바꿔 말해, 20세기 천문학의 주요 성과들은 관측기구의 거대화 없이는 사실상 불가능했고, 이러한 의존성의 심화는 현재로 오면서 더욱더 커지고 있다. 우리는 이러한 경향 속에서 천문학의 거대과학화 현상을 엿볼 수 있다.

조지 헤일과 반사망원경의 거대화

19세기 내내 관측천문학의 중심은 서유럽이었고, 주요한 천문대는 런던이나 파리 같은 대도시에 위치한 것이 보통이었다. 그러나 1880년경을 기점으로 해서 관측천문학의 중심이 서서히 미국으로 옮겨오게 되는데, 여기에는 두 가지 요인이 작용했다. 우선 유럽이 산업화를 거치면서 대도시의 대기오염이 심해졌고, 이 때문에 망원경으로 관측할 때 시야가 흐려지는 경우가 많이 생겼다. 반면 미국의 서부(특히 높은 산의 정상부)는 아직 개발이 덜 되어 하늘이 맑고 1년 내내 갠 날이 많아 천문대를 새로 세울 후보지로 적격이었다. 그리고 둘째로는 미국 자본주의의 급속한 발전으로 백만장자들이 많이 생겨나면서 이들이 공공 자선활동을 통해 자신의 이미지를 좋게 만들려고 시도한 것이 중요하게 작용했다. 당시 천문대 건설이나 망원경 제작에 돈을 기부하는 것은 고상한 취향으로 여겨졌기 때문이다.

이런 상황을 잘 이용해 미국 서부를 관측천문학의 중심지로 탈바꿈시키는 데 결정적인 역할을 한 천문학자가 조지 헤일이었다. 헤일은 새로운 학술지를 창간하는 등 천체물리학을 제도화시키는 데도 큰 역할을 했지만, 부자들로부터 기부금을 받아내어 새로운 천문대와 망원경을 건설하는 데 특히 탁월한 수완을 발휘했다. 그는 시카고 대학교에 교수로 부임한 지 얼마 안 된 1892년에 전차사업으로 부자가 된 금융가인 찰스 여키스로부터 후원을 받아 직경 40인치의 초대형 굴절망원경을 만들었다. 이 망원경은 시카고 인

◀ 윌슨산 천문대의 전경. 중앙 하단에 60인치 망원경, 오른쪽 끝에 100인치 망원경을 위한 돔이 각각 보인다.

▲ 1910년 카네기 방문 당시에 카네기(왼쪽)와 헤일이 함께 찍은 기념사진.

근에 위치한 여키스 천문대에 설치되었다(이는 현재까지도 굴절망원경으로서는 세계에서 가장 큰 망원경으로 남아 있다).

이후 헤일은 더 맑고 깨끗한 하늘을 찾아 캘리포니아 주 남부로 장소를 옮기고, 1904년 카네기 재단에서 30만 달러의 자금을 얻어 윌슨산 천문대를 창설했다. 윌슨 산은 로스앤젤레스를 굽어보는 해발 1742미터의 산으로, 천문대는 거의 정상부에 세워졌다. 헤일은 먼저 당시 세계 최대의 크기인 직경 60인치(1.5미터)의 반사망원경을 건설하는 작업에 착수했고, 대단히 외지고 원시적인 환경이었던 윌슨 산 정상으로 각종 부품과 장비들을 실어나르기 위해 수년간 악전고투를 벌였다. 사람의 손길이 거의 닿지 않아 변변한 길조차 없었던 곳에 새로 길을 내고, 육중한 망원경 부품들을 당나귀와 수레에 실어 운반했다. 이러한 노력의 결과 1908년 말에 60인치 망원경을 완성할 수 있었다(1910년에는 완성된 망원경과 천문대를 보기 위해 카네기 자신이 직접 천문대를 방문하기도 했다).

그러나 헤일은 이내 이보다 더 큰 직경 100인치(2.5미터)의 반사망원경 제작에 착수했다. 이를 위해 그는 로스앤젤레스의 사업가인 존 후커로부터 망원경 제작비용으로 4만 5000달러를 기부받고, 카네기 재단에서 모두 60만 달러를 더 지원받았다. 과연 직경이 100인치나 되는 유리 디스크를 부어 만들 수 있을지(만들어진 디스크 내부에 남은 약간의 공기방울도 망원경에는 치명적이었다), 또 이것을 구면 내지 포물면으로 연마해낼 수 있을지 회의적 시각이 제기되기도 했으나 대략 6년여에 걸친 연마 작업 끝에 1916

년 은판을 입힌 거울이 완성되었다. 거울의 무게만 4톤, 총 무게가 100톤에 달하는 거대한 100인치 망원경(후원자의 이름을 따서 '후커 망원경'이라는 이름이 붙었다)은 1917년 말에 완성을 보았다.

윌슨산 천문대에 새로 자리잡은 60인치, 100인치 반사망원경과 여기에 추가로 설치된 관측 부속장비(간섭계, 분광계 등)는 이내 그 진가를 발휘했다. 할로 섀플리(Harlow Shapley)는 1908년부터 10여 년 동안 60인치 망원경을 이용해 은하수와 구상성단에 대한 관측 작업을 수행했고, 그 결과 종전까지의 믿음과는 달리 태양은 우리은하의 중심부가 아니라 그곳에서 대략 3만 광년 떨어진 곳에 위치해 있으며, 우리은하를 구성하는 수천억 개의 별들 중 하나에 불과하다는 결론을 이끌어냈다. 그로부터 몇 년 후 에드윈 허블(Edwin Hubble)은 60인치와 100인치 망원경을 가지고 안드로메다자리의 M31 나선성운이 수많은 별들로 구성되어 있고, 이들이 지구로부터 100만 광년 이상 떨어져 있음을 보여주었다. 이로부터 우주에는 수십억 광년에 걸쳐 수천억 개의 은하들이 있으며 우리은하는 그중 하나에 불과하다는 것이 점차 분명해졌다.

100인치 망원경이 얻어낸 최대의 성과는 1929년에 찾아왔다. 허블은 성운에서 나오는 별빛의 스펙트럼이 적색이동*을 보인다는 이전의 연구결과를 이미 알고 있었다. 그런데 이해에 허블은 성운이 희미하게 보이면 보일수록 그 성운에서 나오는 별빛 스펙트럼의 적색이동은 더 크게 나타난다는 놀라운 사실을 발견했다. 만약 더 희미한 성운이 지구로부터 더 멀리 떨어져 있다고 가정하고, 또 적색이동의 정도는 지구로부터 멀어지는 속도를 나타낸다고 하면, 이는 곧 멀리 떨어진 성운일수록 지구로부터 더 빨리 멀어지고 있음을 의미하게 된다. 이러한 발견으로부터 20세기 천문

적색이동
기차 선로 옆에 서서 기차의 기적 소리를 들어 보면 기차가 다가올 때는 기적 소리가 높고 날카롭게(높은 진동수) 들리고 우리 앞을 지나쳐서 멀어져 갈 때는 소리가 낮게(낮은 진동수) 들린다. 도플러 효과에 따른 이러한 현상은 음파뿐 아니라 빛을 포함한 다른 모든 파동에도 적용된다. 따라서 우리에게 다가오는 천체에서 나오는 빛의 스펙트럼은 푸른색(짧은 파장) 쪽으로 이동하고 멀어지는 천체에서 나오는 빛은 붉은색(긴 파장) 쪽으로 이동한다.

▲ 건설 중인 윌슨산 천문대의 100인치 반사망원경 (1917년경).

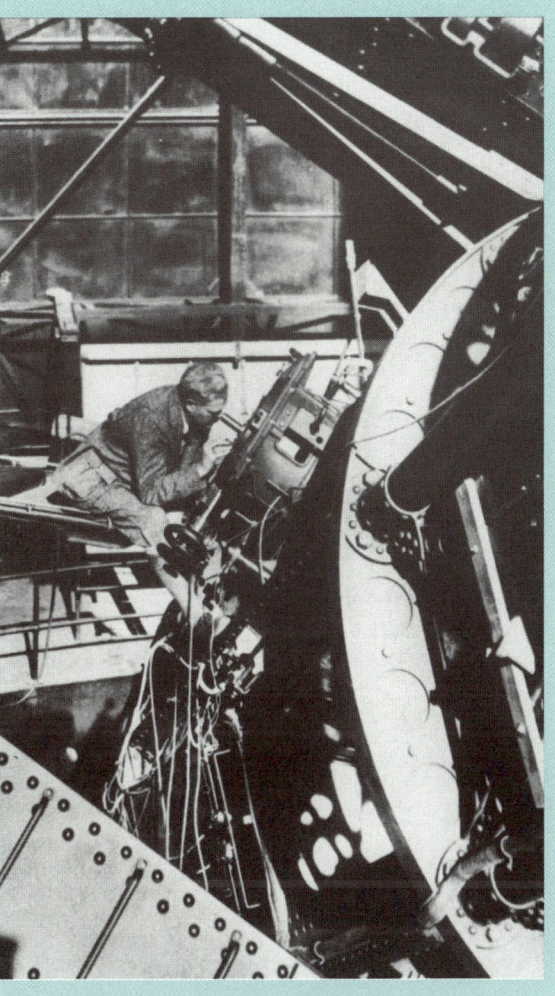

▲ 100인치 망원경으로 실제 관측하는 모습.

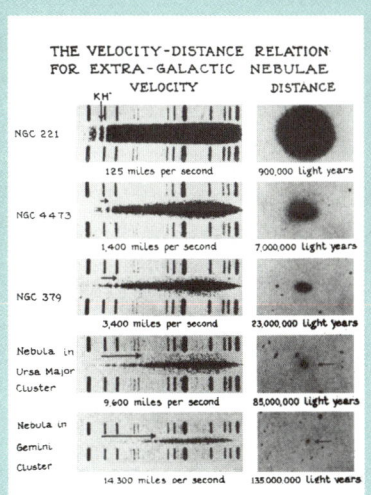

▲ 성운까지의 거리가 멀수록 적색이동이 심하게 나타남을 보여주는 스펙트럼 분석사진.

13. 망원경의 거대화와 천문학의 거대과학화 **181**

학에서 가장 놀라운 발견 중 하나인 '팽창하는 우주'의 관념이 도출되었다.

100인치 망원경의 성공에 고무된 헤일은 건강상의 이유로 윌슨산 천문대장을 사임한 후 1928년부터 다시 직경 200인치(5미터) 반사망원경 제작을 위한 캠페인에 착수했다. 200인치 망원경에 들어갈 거울을 만들기 위해서는 기존에 썼던 것과 전혀 다른 새로운 재료가 필요했다. 그리고 망원경 제작에 들어갈 엄청난 비용 ─ 처음에는 대략 500만 달러 이상이 필요할 것으로 예상되었다 ─ 도 골칫거리였다. 헤일은 록펠러 재단을 설득해 캘리포니아 공과대학에 600만 달러의 망원경 제작기금을 기부하게 하는 한편으로, 코닝 유리제작 회사에 의뢰해 열팽창계수가 작은 파이렉스 유리로 200인치 디스크를 부어 만들었다. 천문대가 위치할 장소는 캘리포니아 주 남부의 팔로마 산으로 정해졌다. 천문대 공사는 1936년에 시작되었으나 헤일은 완성을 보지 못하고 1938년에 눈을 감았고, 그의 이름을 기려 '헤일 망원경'으로 이름붙은 200인치 망원경은 제2차 세계대전이 끝난 후인 1949년이 되어서야 비로소 가동되기 시작했다. 200인치 망원경의 제작과정에서 얻은 숱한 노하우와 지식은 이후의 대형 망원경 제작에도 하나의 준거점이 되었다.

전파천문학의 등장과 전파망원경의 거대화

한편 제2차 세계대전을 전후해 외계에서 들어오는 가시광선 외의 다른 신호(전파, X선, 감마선 등)를 포착해 분석하는 전파천문학 분

▲ 코닝 유리제작 회사에서 부어 만든 200인치 디스크를 특수차량에 실어 운반하는 모습.

▲ 무게가 수십 톤에 달하는 디스크를 특수장비를 사용해 연마하는 모습.

▲ 200인치 망원경을 써서 천체를 관측하는 허블의 모습. 200인치 망원경은 너무 거대했기 때문에 관측자가 망원경 내부에 위치했다.

13. 망원경의 거대화와 천문학의 거대과학화

야가 새롭게 등장했다. 외계에서 들어오는 전파 신호를 가장 먼저 포착했던 인물은 벨 연구소에서 일하던 칼 잰스키(Karl Jansky)였다. 그는 1931년에 전화 송수신에 간섭하는 대기 중의 전파방해 요인을 찾는 연구를 하다가, 그러한 전파방해 요인 중에 일부는 외계에서 들어오는 전파라는 사실을 우연히 발견했다. 그러나 당시 천문학자는 물론이고 벨 연구소의 상사들도 잰스키의 발견에 전혀 주목하지 않았다. 벨 연구소의 상사들은 전파방해 요인이 만약 외계에서 오는 거라면 사람의 힘으로 어쩔 수 없는 일이라고 판단해 잰스키를 아예 다른 부서로 보내버렸던 것이다.

잰스키의 연구를 이어간 것은 전문적인 천문학자가 아니라 라디오 엔지니어인 그로트 레버(Grote Reber)였다. 1937년에 그는 수천 달러를 들여 자기 집 마당에 직경 9.5미터 정도의 파라볼라 안테나를 설치하고 업무가 끝난 밤시간을 이용해 하늘 곳곳을 '관측'했다. 그 결과 그는 특정한 하늘 영역에 강한 전파원이 존재한다는 사실을 학계에 보고할 수 있었다.

제2차 세계대전은 그 이전까지 별다른 주목을 받지 못하던 전파천문학에 새로 활력을 불어넣고 관측에 필요한 기법들을 제공해준 계기가 되었다. 여기서 중요했던 것은 물론 제2차 세계대전 시기의 레이더 연구였고, 특히 영국이 그 중심지가 되었다. 전쟁이 끝난 후 천문학자들은 외계에서 오는 전파 신호가 태양계 행성의 표면 지도를 작성하는 데 쓰일 수 있음을 알게 되었고, 스펙트럼 분석을 통해 은하계와 나선성운의 구조를 알아낼 수 있는 가능성도 제기되었다. 이에 따라 1950년대부터는 가시광선으로 볼 수 없는 영역을 '보는' 전파천문학이 새로운 분야로 각광받기 시작했다.

▶ 푸에르토리코에 있는 아레시보 망원경. 외계생명체 탐사를 위한 SETI 계획에 쓰여 영화 〈콘택트〉의 배경이 되기도 했다.

그러나 전파천문학의 선구자들은 이내 중대한 문제에 부딪쳤다. 외계에서 오는 전파 신호는 너무나 희미했던 것이다. 지구 전체로 들어오는 전파 신호에 담긴 에너지를 다 모아봐야 책 한 권을 겨우 들어올릴까말까 하는 정도의 에너지밖에 안 될 정도라고 하니 신호가 얼마나 희미한지를 미루어 짐작할 수 있다. 이처럼 희미한 신호를 모으기 위해서는 필연적으로 매우 큰 파라볼라 안테나, 즉 거대한 전파망원경이 요구되었다. 전파망원경의 직경은 이내 100미터에 육박할 정도로 커졌고, 이후 (반사망원경이 그랬듯이) 거대한 전파망원경들이 서로 경쟁하듯 속속 만들어졌다. 방향을 완전히 조정할 수 있는 전파망원경으로 현재 가장 큰 것은 2000년에 가동이 시작된 미국 웨스트버지니아 주의 직경 110미터짜리 그린 뱅크 망원경이다. 그리고 지형을 이용해 땅 위에 고정된 망원경은 그보다 더 큰데, 자연적으로 존재하는 크레이터를 이용해 1960년대 초에 만들어진 푸에르토리코 소재 아레시보 망원경(직경 305미터)이 최근까지 가장 큰 전파망원경의 지위를 누려왔다(영화 〈콘택트〉를 유심히 본 사람이라면 영화 초반부에 주인공이 외계생명체 탐사 연구를 위해 아레시보 천문대에 와 있는 장면을 보았을 것이다).

이처럼 거대한 전파망원경들의 도입 역시 20세기 천문학의 주요 연구성과들에 결정적인 영향을 미쳤다. 천문학자들은 태양계의 행성들에 대해 더 많은 사실을 알게 되었고, 1960년대에는 매우 강력한 전파를 내는 퀘이사와 펄사 같은 새로운 '천체'들을 발견했다. 그러나 가장 큰 획을 그은 연구성과는 이른바 빅뱅우주론과 정상우주론의 대립에서 전파망원경을 이용한 발견이 빅뱅우주론의 손을 들어준 사건일 것이다. 허블이 '팽창하는 우주' 개념을 제기한 이후 우주론에서 이를 해석하는 두 가지 입장이 제시되었다. 조지 가모프(George Gamow)를 비롯한 몇몇 학자들은 우주의 모든 물질이 한 덩어리로 뭉쳐 있다가 과거의 어느 한 시점(대략 180억 년 전)에 대폭발과 함께 산산히 흩어졌다는 빅뱅우주론을 주장했다. 반면 프레드 호일(Fred Hoyle)을 중심으로 하는 다른 학자들은 우주에 시작 따위가 있었을 리 없다며, 우주는 과거에도 현재에도 계속해서 팽창하고 있고 우주공간에서 새로운 물질이 계속 생겨나 팽창한 공간을 메꾸고 있다는 정상우주론을 내세웠다. 이 둘 사이의 대립은 1950년대와 1960년대 초까지도 매우 팽팽했고, 많은 천문학자들은 잘 모르겠다는 입장을 취하며 둘 중 하나를 선뜻 골라잡는 것을 꺼려했다.

이러한 상황에 결정적인 전환점을 만들어낸 것이 역시 벨 연구소에서 근무하던 아노 펜지아스(Arno Penzias)와 로버트 윌슨

▶ 펜지아스와 윌슨이 3K 배경 복사를 발견한 뿔나팔형 전파망원경.

(Robert Wilson)의 발견이었다. 그들은 1965년에 매우 감도가 높은 뿔나팔형 전파망원경을 써서 실험을 하던 중 우주의 모든 방향으로부터 관측되는 매우 희미한 전파 '잡음'의 존재를 발견했다. 그들은 이 발견을 놓고 어리둥절했으나, 이내 다른 천문학자가 이에 대한 해석을 제시해주었다. 3K 흑체 복사에 해당하는 이 잡음은 빅뱅 순간의 원시 불덩어리의 존재를 보여주는 '흔적'이라는 것이었다. 이 발견은 이내 두 우주론 중 빅뱅우주론을 뒷받침하는 증거로 받아들여졌고, 논쟁의 구도를 한쪽으로 크게 기울여놓았다.

천문학의 거대과학화, 그 득과 실

정리하자면, 20세기 천문학의 가장 흥분되는 순간들의 배경에는 이를 뒷받침한 거대한 망원경들이 있었다고 할 수 있다. 허블의

'팽창하는 우주' 관념은 당시 막 세워진 윌슨산 천문대의 60인치, 100인치 반사망원경이 없었다면 생각해낼 수 없었을 것이다. 이후 반사망원경의 규모는 더욱 커졌고, 각종 부대장비들에 힘입어 성능이 더욱 향상되었다. 강력한 전파를 내는 새로운 '천체'들의 발견과 빅뱅우주론을 지지하는 강력한 증거는 거대한 전파망원경이라는 새로운 관측도구를 통해서야 비로소 우리 눈에 들어올 수 있었다.

천문학의 거대과학화는 1980년대의 허블 우주망원경 계획에서 정점에 도달했다. 천문학자들은 지상에서는 아무리 공기가 맑고 깨끗한 고산지대에 거대한 망원경을 설치해도 관측 능력에 일정한 한계가 있음을 깨닫게 되었다. 별빛이 지구의 대기를 통과하면서 산란되어 흐려지기 때문이다. 이 문제를 우회하기 위해 제안된 방안이 바로 허블 우주망원경 계획인데, 거대한 반사망원경을 대기권 바깥에 올려놓아 그곳에서 관측을 할 수 있도록 하자는 것이었다. 10여 년의 준비기간을 거친 후 1990년에 우주왕복선 디스커버리 호에 실려 610킬로미터 상공 궤도에 올려진 허블 우주망원경은 대략 40만 개의 부품으로 이뤄진 직경 94인치(2.4미터)의 반사망원경으로, 망원경 제작에만 24억 달러가 들어가고 매년 운영비용으로 2억 7000만 달러가 소요되는 거대 프로젝트였다. 이 망원경은 지구상에서는 결코 볼 수 없었던 새로운 관측결과들을 내놓아 천문학자들을 흥분의 도가니에 빠뜨렸다. 그러나 허블 우주망원경이 건설되고 운영되는 과정에는 어두운 면도 있었다. 건설에 소요되는 막대한 돈을 대기 위해 다른 소규모 프로젝트들이 상당수 희생되었고, 이에 따라 천문학 연구비의 배분이 지나치게 편향된 것이 아니냐는 비판의 목소리가 나왔기 때문이다. 허블 우주

▶ 천문학의 거대과학화를 상징하는 존재인 허블 우주망원경.

망원경은 지금까지 15년 동안 운영되면서 총 120억 달러라는 막대한 돈을 집어삼켰다.

현재 미국에서는 허블 우주망원경의 뒤를 이을 차세대 망원경을 놓고 천문학계 내부의 논쟁이 한창이다. NASA의 전 국장의 이름을 따 제임스 웹 우주망원경이라는 이름이 붙은 이 망원경은 허블 망원경보다 월등한 성능을 보일 거라는 기대를 받고 있지만, 제작에 들어가는 비용만 최소 50억 달러에 달할 것으로 보여 천문학계 일각의 비판을 받고 있다. 과연 다른 과학 프로젝트를 희생해가며 거대한 망원경을 만드는 것이 바람직하냐는 것이다. 이렇듯 특정 과학분야가 정체되지 않기 위해서 끊임없이 더 비싸고 거대한 장비를 필요로 하지만, 그런 장비 마련을 위해 또다른 과학 연구(혹은 다른 사회적 우선순위)는 희생을 감수해야 하는 상황, 이것이 바로 오늘날의 거대과학이 지닌 딜레마이다.

14 판구조론 혁명과 냉전 시기의 지구과학

판구조론(plate tectonics)은 20세기 지구과학 분야에서 나타난 가장 대표적인 이론적 성과이다. 판구조론은 1960년대 말에 제안된 직후부터 하나의 '혁명'으로 일컬어졌고, 불과 몇 년이 지난 1970년대 초가 되면 이미 지구과학자들 대부분에 의해 받아들여졌다. 판구조론은 고생물학, 지질학, 지진학, 해양학 등 오늘날 지구과학의 분과학문으로 자리잡은 여러 분야의 연구성과를 종합한 결과로서, 그 이전까지 풀리지 않고 있었던 여러 가지 의문들, 가령 왜 특정 지역에서 화산과 지진이 자주 발생하는지, 또 알프스나 히말라야 같은 거대한 산맥들은 어떻게 형성되었는지 같은 문제들에 대해 하나의 이론틀에 의한 설명을 제공해주었다.

그런데 흥미로운 것은, 이러한 판구조론의 정립 과정이 제2차 세계대전 이후의 미-소 냉전과 밀접한 관계가 있다는 학자들의 해석이다. 심지어 저명한 한 지구과학자는 반농담조로 판구조론과 현재의 지구과학은 '냉전의 산물'이라는 말을 하기도 했다고 한다. 얼른 생각할 때 잘 이해가 가지 않는 얘기이다. 판구조론 혁명은 '순수'과학에서 자연현상을 바라보는 시각의 변화를 나타내는 전형적인 사례가 아닌가? 물리학이나 화학의 일부 분야들처럼 위력적인 무기(원자폭탄, 화학무기)를 발명하거나 군사 장비(레이더)를 생산해내는 것과 아무런 상관도 없어 보이는 지구과학에서의 이론적 '혁명'이 냉전과 대체 어떤 연관이 있었다는 것일까? 이러한 의문에 답하기 위해서는 먼저 판구조론의 선조 격이 되는 대륙이동설의 등장 시점부터 역사적 과정을 차근차근 밟아올 필요가 있다.

알프레트 베게너와 대륙이동설의 제기

▲ 대륙이동설의 창시자인 알프레트 베게너.

20세기 초의 지구과학자들에게는 산맥의 형성과 대륙 및 해양의 존재를 설명하는 것이 중요한 과제였다. 이 질문에 대해 당시 과학자들이 선호했던 답은 1846년 영국의 물리학자 윌리엄 톰슨(William Thomson, 그는 나중에 켈빈 경이 된다)이 제안한 중력수축설에 기반한 것이었다. 톰슨은 매우 뜨거운 불덩어리였던 원시 지구가 시간이 흐름에 따라 점차 냉각되면서 자체 중력에 의해 부피가 줄어들고 있다고 믿었고, 이에 기반해 지구의 나이가 1억 년 정도라는 계산치를 내놓기도 했다. 19세기 말 빈 대학교의 지질학 교수였던 에두아르트 쥐스(Eduard Suess)는 톰슨의 아이디어를 차용해 지형의 형성을 설명하려 시도했다. 썩어가는 토마토가 표면이 쭈글쭈글해지는 것처럼, 지구가 수축할 때에도 표면에 '주름'이 잡히게 되는데 이러한 주름이 바로 산맥과 계곡의 형성을 의미한다는 것이 쥐스의 생각이었다. 1896년에 베크렐에 의해 우라늄의 방사선이 발견된 이후 지구가 계속 식어가며 수축하고 있다는 쥐스의 견해에 심각한 의문이 제기되었으나, 지질학자들은 수축설의 기본 가정들을 좀처럼 버리지 못했다.

이러한 기존의 견해에 반기를 들면서 대륙과 해양, 산맥의 형성 과정에 대해 새로운 학설을 제시한 사람이 독일의 기상학자인 알프레트 베게너(Alfred Wegener)였다. 베게너는 원래 행성천문학으로 박사학위를 받았지만 이내 기상학으로 관심분야를 바꿨고, 그 외에도 고생물학, 지질학 등 여러 다른 분야에 관심을 가졌던 인물이었다. 그는 1912년부터 몇 편의 논문을 통해 자신의 이론을 발표하기 시작했고, 1915년 『대륙과 대양의 기원 *Die Entstehung*

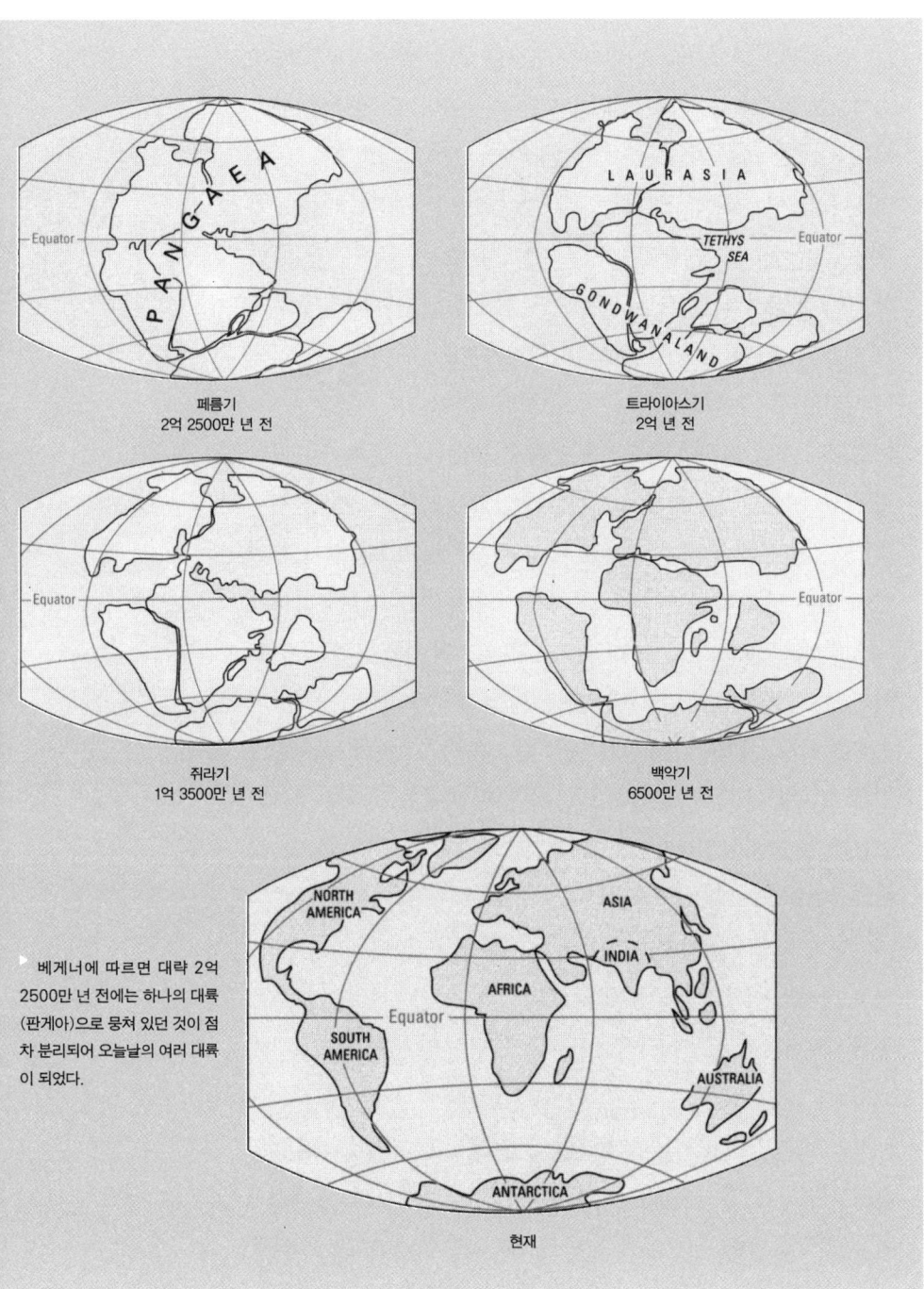

베게너에 따르면 대략 2억 2500만 년 전에는 하나의 대륙(판게아)으로 뭉쳐 있던 것이 점차 분리되어 오늘날의 여러 대륙이 되었다.

14. 판구조론 혁명과 냉전 시기의 지구과학

der Kontinente und Ozeane』이라는 저서를 펴내 '대륙이동설'을 본격적으로 제기했다. 그는 지구의 모든 대륙들이 먼 옛날에 '판게아(Pangaea)'* 라는 하나의 거대한 대륙으로 뭉쳐 있었는데, 대략 2억 년 전부터 서서히 분리되기 시작해 오늘날 우리가 보는 것과 같은 여러 개의 대륙이 되었다고 주장했다. 그는 지구가 냉각하면서 수축해 산맥이 형성된다는 쥐스의 견해를 비판하면서, 그보다는 대륙의 땅덩어리가 서서히 움직이다가 어느 순간 충돌해 산맥이 생겨났다는 자신의 설명이 더 낫다고 주장했다.

그런데 사실 베게너 자신도 인정하고 있다시피, 대륙이 과거에도 항상 현재와 같은 형태로 고정되어 있었던 것은 아니라는 생각을 그가 처음 해낸 것은 아니었다. 그로부터 300여 년 전인 1596년에 이미 네덜란드의 지도 제작자인 아브라함 오르텔리우스(Abraham Ortelius)가 남아메리카와 아프리카의 해안선 모양이 유사하다는 점을 들어, 이들 대륙이 원래 하나였다가 이후 "지진과 홍수에 의해" 아메리카 대륙이 "유럽과 아프리카로부터 뜯겨져 나갔다"고 주장한 적이 있었다. 이런 주장은 19세기에 다시 제기되었는데, 1858년 지질학자인 안토니오 스나이더펠레그리니(Antonio Snider-Pellegrini)는 남아메리카와 아프리카가 원래 하나의 대륙이었다가 나중에 분리되었다는 견해를 설득력 있게 반복했다. 그러나 베게너는 여기서 그치지 않고 자신의 견해가 다양한 고생물학적·지질학적·고기후학적 증거들과 잘 부합한다는 점을 내세웠다.

우선 베게너는 대서양 양편에서 특정 생물의 화석이 공통적으로 발견된다는 데 주목했다. 대표적인 예가 2억 8000만 년에서 3억 2000만 년 전에 지구상에 살았던 것으로 추정되는 작은 도마뱀

판게아
대륙이동설에 따르면 지금으로부터 2억 년쯤 전에는 지구상의 모든 대륙이 뭉쳐져 하나의 거대 대륙을 이루고 있다가 이후 천천히 움직여 오늘날과 같은 배치를 이루게 되었다. 대륙이동설을 처음으로 심각하게 주장한 알프레트 베게너는 그리스어로 '모든'을 의미하는 'pan'과 땅을 의미하는 'gaea'를 합쳐 이 원시 초대륙에 '판게아'라는 이름을 붙였다.

▶ 1858년 스나이더펠레그리니는 이 그림들을 통해 원래는 붙어 있었던 남아메리카와 아프리카가 이후 분리되었다는 주장을 펼쳤다.

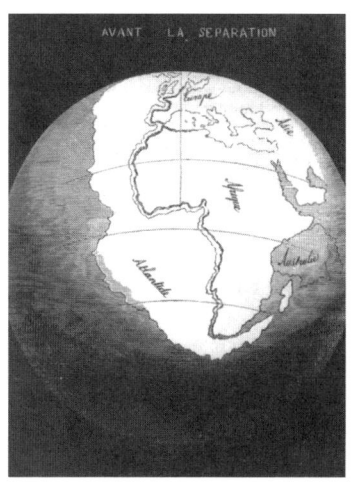 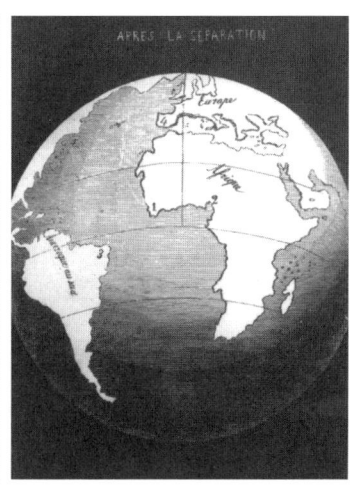

류인 메소사우루스(Mesosaurus)인데, 베게너는 몸 길이가 40센티미터 안팎에 불과한 이 작은 동물이 바다를 건너 먼 거리를 여행하기에는 너무 약한 생물이라는 점을 들어 과거 한때 두 대륙이 붙어 있었을 것이라고 생각했다. 남아메리카, 아프리카, 인도, 남극, 호주 등에서 모두 화석이 발견되는 양치류 식물인 글로소프테리스(Glossopteris)의 경우도 과거에 이들 대륙이 붙어 있었다고 하면 쉽게 설명될 수 있었다. 아울러 대륙이 이동했다고 가정하면 일부 대륙에서 나타나는 과거 기후변화의 증거를 설명하기에도 용이했다. 가령 남극에 석탄이 매장되어 있는 것은 이곳이 예전에는 열대식물이 울창하게 자랄 수 있는 적도 인근에 위치했음을 보여주는 증거이며, 아프리카에 남아 있는 빙하의 흔적은 이곳이 한때 극지방 가까이 있었음을 말해준다고 그는 주장했다.

원래 독일어로 출간되었던 『대륙과 대양의 기원』은 1922년에 출간된 3판이 영어 등 다른 언어로 번역되면서 주목을 받기 시작했다. 그러나 당시 이와 같은 베게너의 이론을 받아들였던 학자들

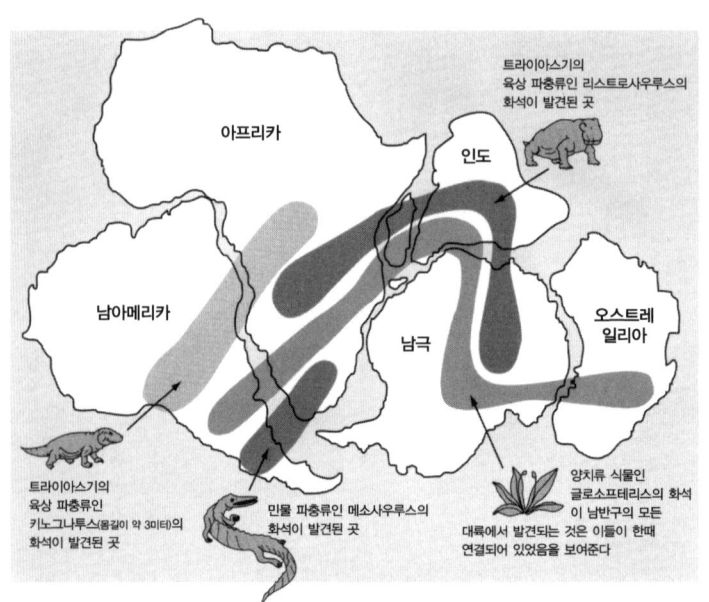

◀ 특정 동식물의 현존하는 화석 분포도. 이러한 분포는 이 대륙들이 한때 붙어 있었다고 가정하면 훨씬 쉽게 이해할 수 있다.

은 극히 적었고, 대다수의 지질학자, 고생물학자, 지구물리학자들은 이에 대해 격렬하게 반대했다. 그들은 우선 천문학과 기상학을 전공한 '아웃사이더'인 베게너가 지질학과 고생물학의 문제에 대해 '한 수 가르치려' 드는 것 자체에 반감을 품었다. 전문적으로 훈련받은 지질학자가 아닌 베게너의 '자격'을 암암리에 문제삼았던 것이다. 그러나 사실 더 큰 문제는 대륙을 움직이는 물리적 힘이 무엇인지를 베게너가 제대로 설명해내지 못했다는 데 있었다. 대체 어떤 종류의 힘이 그토록 거대한 땅덩어리를 움직일 수 있단 말인가? 베게너의 이론에 대한 반감은 특히 미국에서 심했는데, "말도 안 된다"거나 "자아도취 상태로 빠져든" 이론이라는 식의 비판은 그나마 준수한 편에 속했고, 과학도 아니라거나 심지어 "아주 위험한" 개념이라는 식의 극단적인 언사가 동원되기도 했다.

괄괄한 성격의 베게너는 이런 비판에도 전혀 굴하지 않고 자신의 견해를 줄기차게 옹호했다. 그러나 비판자들은 물리적 근거가 희박한 베게너의 이론을 받아들이는 것보다 다른 대안적 설명을 받아들이는 편을 택했다. 서로 멀리 떨어져 있는 대륙에서 동일한 화석이 발견되는 것에 대해 그들은 지금 북아메리카와 남아메리카를 잇고 있는 것과 같은 '육교'가 예전에 여러 대륙들을 이어주었으나 이후 오랜 시간이 흐르면서 바다 밑으로 가라앉아버렸다고 주장했다. 또한 산맥의 형성에 대해서는 '지각평형설(isostasy)'이 유력한 대안으로 받아들여졌다. 이는 지구 표면을 덮고 있는 지각이 그 두께에 따라 서로 다른 밀도를 갖는다는 이론으로, 가령 산맥과 산맥 아래의 지각은 해양 지각보다 밀도가 낮아서 상대적으로 위로 솟아오르게 된다는 식이었다. 1930년 베게너가 그린란드로 기상학 원정을 나섰다가 목숨을 잃은 후, 이론의 주창자를 잃은 대륙이동설은 사실상의 동면상태로 빠져들었다.

새로운 증거의 등장과 판구조론의 정립

1950년대 초반까지만 해도 대륙이동설의 지지자는 여전히 매우 적었다. 그러나 이 시기부터 다양한 새로운 증거들이 등장하기 시작했다. 이는 지구과학자들이 답해야 하는 새로운 질문들을 던져놓는 한편으로 베게너의 아이디어를 둘러싼 논쟁을 다시금 부활시켰다.

먼저 해저 지형과 해저 지각의 나이에 대한 새로운 발견이 나타났다. 19세기 이전까지 대부분의 사람들은 대양의 수심에 대해 추측만 해볼 따름이었고, 해저는 별다른 지형이랄 만한 것이 없이

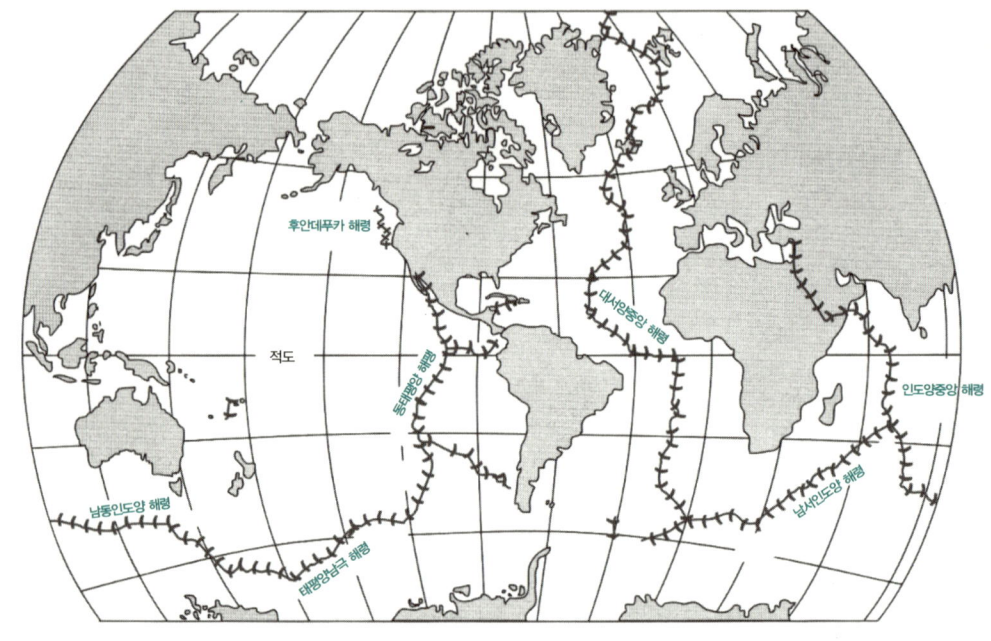

▲ 해저 산맥의 분포. 대서양에만 국한된 것이 아니라 지구 전체를 야구공의 솔기처럼 덮고 있다.

평평할 거라고 생각하고 있었다. 그러나 19세기부터 긴 줄에 추를 달아 바다의 깊이를 재보려는 체계적인 시도가 등장했고, 1855년에는 예상을 뒤엎고 대서양 한가운데에 해저 산맥이 있다는 최초의 증거가 제시되었다. 이는 1860년대에 미국과 영국을 잇는 대서양 해저 전신 케이블을 부설하는 과정에서 사실로 확인되었다. 이때까지 아직 원시적인 수준이었던 측정장비는 제1차 세계대전을 계기로 음파를 이용한 수심 측정장치가 개발되면서 크게 발전했다. 1950년대 들어서는 각국이 해양 탐사에 나서면서 그러한 해저 산맥이 대서양뿐 아니라 지구 전체의 대양을 마치 야구공의 솔기처럼 뒤덮고 있다는 사실이 밝혀졌다. 해저 산맥은 총 길이가 5만 킬로미터가 넘었고, 평균 높이도 4500미터에 달했다.

한편 1947년에 미국의 탐사선 아틀란티스 호에 승선했던 지진학자들은 대서양 해저에 가라앉아 있는 퇴적층이 예상했던 것보다 훨씬 얇다는 사실을 발견했다. 지구상에 바다가 존재한 것이 대략 40억 년 전부터임을 감안한다면 훨씬 두꺼운 퇴적층이 존재해야 했지만, 실제로 측정된 퇴적층의 두께는 2억 년 정도 된 것이 고작이었다. 이러한 발견은 이후 방사성 동위원소를 이용한 해저 퇴적물의 연대 측정이 이루어지면서 다시금 확인되었다. 해저 암석은 가장 오래된 것도 3억 년을 넘기는 경우가 없었던 것이다. 이는 왜 대륙 지각과 달리 해양 지각의 나이가 훨씬 젊은가 하는 골치아픈 질문을 던졌다.

1950년대는 또한 바다 밑에 대한 고지자기학(paleomagnetism)* 연구가 새로운 성과를 내놓았던 시기였다. 이 시기 들어 과학자들은 해저 암석의 자기극성을 알아볼 수 있는 장비를 갖추게 되었다. 자기계라 불리는 측정장치는 비행기에서 해저의 잠수함을 탐지할 수 있도록 제2차 세계대전 때 개발되었던 기기를 변형한 것이었다. 이 장비를 가지고 해저의 자기극성을 측정해 이를 지도로 만드는 작업이 1950년대 내내 계속되었는데, 그 결과는 해저의 자기극성이 마치 얼룩말 무늬와 같이 규칙적인 패턴을 보인다는 것이었다. 해저 산맥을 중심으로 양쪽에 정상 극성과 역전 극성의 띠가 번갈아 나타나는 이러한 현상은 나중에 자기 띠무늬(magnetic striping)라는 이름으로 불리게 되었다.

광범한 해저 산맥의 존재, 해저 지각의 예외적으로 젊은 나이, 자기 띠무늬 현상과 같은 새로운 증거들은 이를 일관되게 설명할 수 있는 새로운 이론 체계의 정립을 요구했다. 1963년 프린스턴 대학교의 해리 헤스(Harry Hess)는 해저확장설(seafloor spreading)을 제시함으로써 하나의 이정표를 제시했다. 그는 제2차 세계대전

고지자기학
다양한 자성광물 속에 보존된 과거 지구 자기장의 기록을 연구하는 학문분야이다. 고지자기학 연구는 암석과 침전물에 있는 자성광물의 극성을 연구해 지구의 자기장이 과거 여러 차례에 걸쳐 방향과 세기에서 변화를 겪었음을 보여주었다.

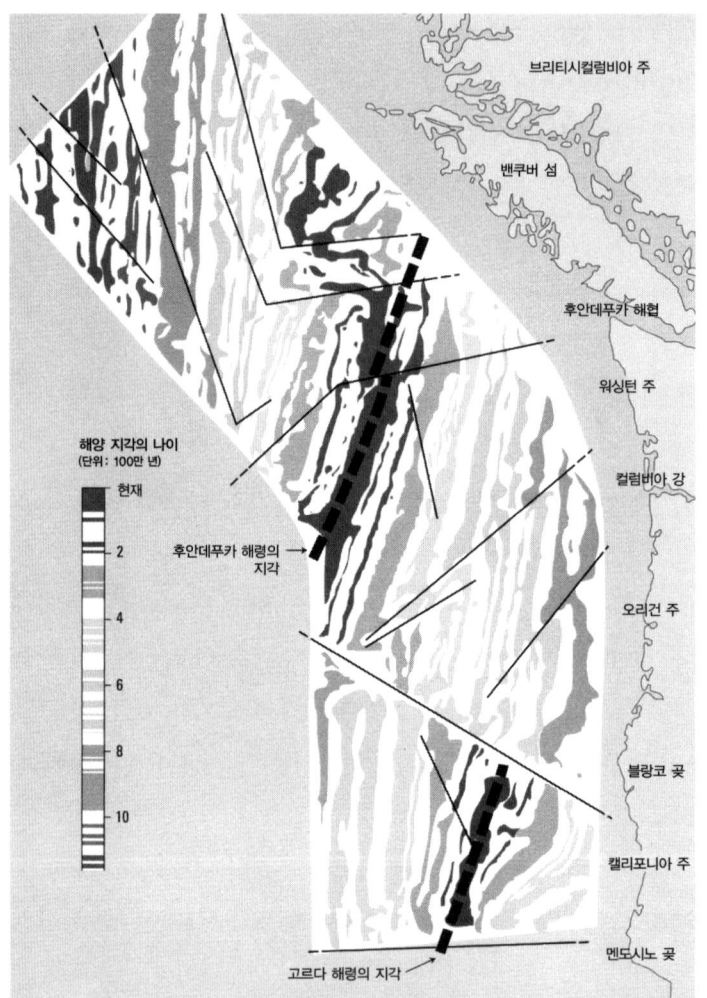

◀ 북아메리카 서부 해안의 바다 밑에 나타난 자기 띠무늬. 해저 산맥을 가운데 두고 좌우로 얼룩말 같은 무늬가 분명하게 드러난다.

때 해군 대령으로 활동했고 전쟁 후 프린스턴 대학교 지질학 교수를 지내면서도 군복을 완전히 벗지 않고 예비역 장성까지 진급했던 인물이었다. 그는 뜨거운 마그마가 해저 산맥에서 솟아올라 새로운 지각을 형성하며, 이렇게 생성된 해저 지각은 차차 해저 산맥으로부터 밀려나와 일정한 시간이 지나면 깊은 해구 속으로 사라진다는 가설을 제시했다. 이는 해저 산맥의 온도가 주위보다 높게 나타나는 이유, 해저 지각의 나이가 젊은 이유, 자기 띠무늬가 생기는 이유 등을 한꺼번에 설명해주었다.

뒤이어 1967년과 1968년에는 프린스턴에 있던 제이슨 모건(Jason Morgan)과 케임브리지에 있던 댄 매켄지(Dan McKenzie)가 각각 판구조론의 이론적 틀을 제시했다. 이들에 따르면 지구의 표면은 각각 수백 킬로미터 정도의 두께를 가진 10여 개의 '판'으로 덮여 있고, 대륙이나 해양의 움직임이 아닌 이들 '판'의 움직임이 각종의 지질 현상을 일으키는 원동력이 된다. 가령 2개의 판이 갈라지거나 하나의 판이 다른 판 밑으로 끼어들어가는 곳에서는 지진이나 화산 등의 활동이 활발하며, 2개의 대륙판이 충돌하는 곳에서는 산맥이 형성된다는 설명이 가능해진 것이다. 이는 판과 판

▼ 지구 표면을 덮고 있는 크고 작은 10여 개의 판들을 나타낸 그림.

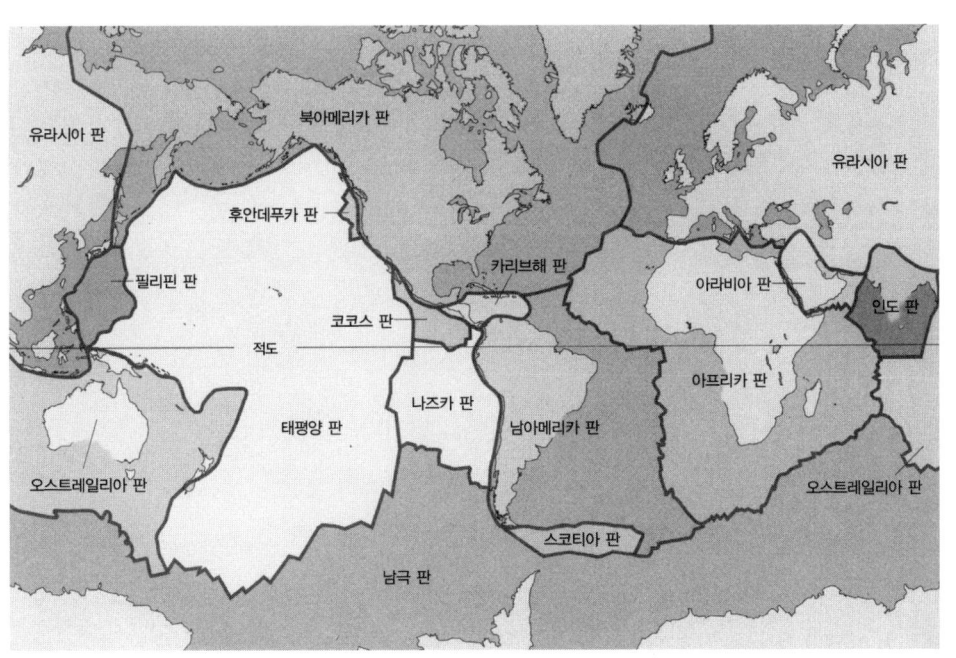

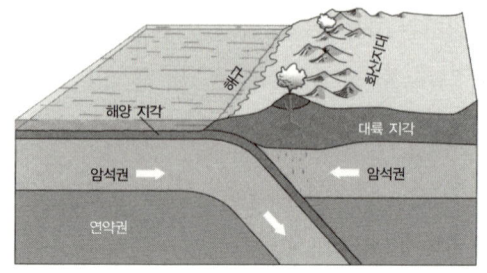

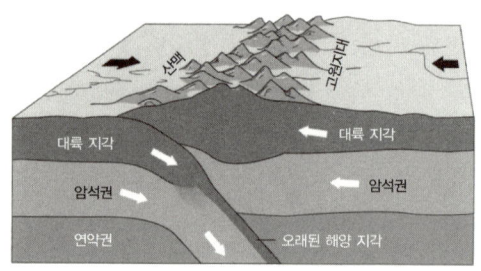

◀ 해양판이 대륙판 아래로 끼어 들어가는 경우(위쪽)와 2개의 대륙판이 충돌하는 경우(아래쪽). 아래쪽 그림과 같은 방식으로 인도 판과 유라시아 판이 충돌해 오늘날의 히말라야 산맥이 생성되었다.

사이의 경계가 반드시 대륙과 해양의 경계와 일치하지 않는다는 점에서 대륙이동설과 구분되지만, 대륙이 움직이는 메커니즘을 규명해냈다는 점에서는 베게너의 이론을 현대적으로 완성했다고 할 수 있다.

판구조론 정립의 냉전적 맥락

지금까지 판구조론이 대륙이동설의 문제의식을 이어받아 지구과학의 다양한 분과학문들을 한데 묶는 현대적 종합을 이뤄낸 과정을 간략히 살펴보았다. 그렇다면 이런 과정이 대체 냉전과는 어떤 상관이 있었다는 것일까? 결론부터 말하자면, 1950년대 이후 지구과학자들에게 새로운 질문을 던지고 그것을 설명하는 이론틀의 형성을 촉진했던 새로운 증거들 모두가 냉전하에서의 군사적 지원을 등에 업고 나온 것이라고 할 수 있다.

제2차 세계대전 시기에 이미 군대는 잠수함 작전을 위한 해저 음파 탐지, 전쟁 수행에 긴요한 새로운 석탄·가스·석유 매장지 탐사 등을 위해 지구과학자들의 협력을 필요로 했다. 이러한 군대와의 밀월관계는 전쟁이 끝나고 나서도 지속되었다. 군대는 잠수함 작전을 위해 자세한 해저 지도(특히 연안지역의)가 있어야 했고, 이를 위한 해저 탐사에 아낌없이 돈을 지원했다. 또한 핵실험의 위력을 측정하기 위해 지진학자들의 도움을 필요로 했는데, 1960년대 들어 전세계적으로 정교한 지진 감지 네트워크가 발전하게 된 배경도 1963년에 체결된 부분적핵실험금지조약의 이행 여부를 상호 감시하기 위한 것이었다. 순항미사일의 설계와 유도를 위해 지구물리학과 측지학(geodesy)*에 대한 지원도 대대적으로 이루어졌다. 심지어 군대는 날씨를 인위적으로 조절함으로써 군사 작전에서 우위를 점하기를 원했고, 이는 기상학의 일부 분과에 대한 지원으로 이어졌다.

군대와 지구과학자들 사이의 새로운 '사회적 계약'은 지구과학 연구가 수행되는 방식도 완전히 바꿔놓았다. 제2차 세계대전 전까지만 해도 지구과학의 여러 분과학문들은 석유 탐사를 제외하면 실용성이 전무하다시피 한 것으로 여겨졌고, 대다수의 지질학자와 해양학자들은 대학으로부터 불과 몇백 달러 정도의 연구비를 얻고 자비를 보태어 연구를 꾸려나갔다. 이 시기에 지질학자들은 방학 때를 이용해 옆구리에 망치 등의 간단한 도구를 매달고 식량과 비품이 든 배낭을 멘 채 며칠씩 야영을 하면서 황무지를 돌아다니는 일이 다반사였다. 해양학자들 역시 해양 탐사를 위해서는

측지학
지구과학의 한 분야로 지구의 정확한 모양과 크기를 측정하고 이를 이용해 지구 표면상에 있는 모든 점들 사이의 상호 위치관계를 산정하는 학문을 가리키며, 전자를 물리측지학, 후자를 기하측지학이라고 한다. 전자에는 지구중력장에 관한 연구를 비롯해 지각의 운동, 조수간만, 극운동과 같은 지구역학적 현상들도 연구 대상에 포함된다.

◀ 깊은 해저에 드릴로 구멍을 뚫어 암석 샘플을 채취하는 탐사선 글로마 챌린저 호. 이런 유형의 연구선으로서는 가장 먼저 1960년대 말에 만들어졌는데, 당시 이런 연구선의 개발에는 군대의 지원이 깊숙이 개입했다.

어선이나 군함을 얻어 타거나 학회 등이 지원한 소형 연구선을 이용할 수밖에 없었다. 그러나 제2차 세계대전 후 군대가 당장의 실용성에 크게 구애받지 않고 지구과학 연구를 후하게 지원하면서부터 이런 모습은 점차 자취를 감추었다. 황무지에서 연구하는 지질학자에게는 헬리콥터가 지원되었고, 해양학자들은 값비싼 장비들을 가득 실은 해군 소속의 연구선을 타고 해양 탐사를 나갈 수 있게 되었다.

이러한 군대의 '개입'은 지구과학 연구의 질적 비약을 가능케 했지만, 그에 따른 대가도 수반했다. 이제 지구과학자들은 과거 자신들이 누렸던 자유분방한 연구의 이점을 적어도 부분적으로 상실하게 되었다. 군대의 돈을 받는 학자들은 1950년대의 매카시즘 열풍(이른바 '빨갱이 사냥') 속에서 정부의 신원조회를 통과해야만 연구활동을 계속할 수 있었고, 해저 지도 같은 연구성과 중 일부는 군사기밀로 분류되어 논문으로 발표할 수 없게 되었다. 결국 판구조론 혁명, 더 넓게는 오늘날의 지구과학 연구 역시 20세기 중반을 휩쓸었던 냉전의 자장권을 벗어날 수는 없었던 것이다.

고지자기학 연구의 이전 성과들

고지자기학은 과거의 지구자기장의 변화를 추적하는 학문분야인데, 이미 20세기 초에 고지자기학자들은 강한 자성(磁性)을 갖는 자철광 성분을 많이 함유한 암석에 크게 두 종류가 있음을 발견했다. 이러한 암석 조각은 그 자체로 작은 나침반과 같은 구실을 할 수 있는데, 그중 정상 극성(normal polarity)을 지닌 암석은 오늘날의 지구자기장과 같은 극성을 가리켰다. 즉 암석의 N극 쪽이 현재의 북극 방향을 가리켰고 S극이 남극을 가리켰다. 반면 역전 극성(reversed polarity)을 가진 암석은 반대로 N극이 현재의 남극 방향을, S극이 북극 방향을 가리켰다. 이런 일이 생기는 이유는 마그마가 식어 화성암을 형성할 때, 그 속에 있는 자철광 성분이 암석이 형성되었을 때의 지구자기장의 방향을 그대로 '기록'한 채 굳어버리기 때문이다. 이로부터 고지자기학자들은 과거 지구자기장의 방향이 여러 차례 역전되었다는 결론을 이미 내려놓고 있었다.

15

세상의 반,
　여성과학자의 좌절과 도전

과학사를 뒤돌아보면서 우리는 과학 발전에 기여한 많은 위대한 과학자들의 이름을 접하게 된다. 아리스토텔레스, 코페르니쿠스, 케플러, 갈릴레오, 뉴튼, 라부아지에, 다윈, 아인슈타인 등등등. 이러한 과학자들은, 설사 이들이 구체적으로 어떤 업적을 남겼는지 잘 모르는 사람이라 할지라도 누구나 한번쯤 이름 정도는 들어본 적이 있을 것이다. 그런데 이 이름들을 다시한번 쭉 살펴보면서 새삼 깨닫게 되는 사실이 하나 있다. 바로 이 사람들이 모두 남성이라는 사실이다.

사실 많은 사람들은 전형적인 과학자의 모습을 떠올릴 때 그 사람이 남성이라는 것을 상당히 자연스럽게 받아들인다. 이는 사람들이 역사적으로 유명한 여성과학자의 사례를 별로 접해보지 못했다는 데 기인하는 바가 크다. 대다수 사람들의 경우, 이름을 기억하고 있는 여성과학자는 아마도 20세기 초에 활동했던 퀴리 부인이 거의 유일할 것이다.

그렇다면 여기서 질문을 던져볼 수 있다. 과연 역사적으로 볼 때 여성과학자는 실제로도 그렇게 숫자가 적었는가, 아니면 단지 그동안 그들의 활동이 잘 알려져 있지 않았을 뿐인가? 만약 여성과학자의 수가 적었다면, 그 이유는 어디에 있었는가? 흔히 얘기되는 것처럼 여성이 생물학적인 측면에서 선천적으로 수학이나 과학에 재능이 없었기 때문인가, 아니면 여성의 과학활동에 적대적인 사회적 분위기 속에서 차별을 받았기 때문인가?

좌절과 극복의 연대기: 역사 속의 여성과학자

먼저 첫 번째 질문에 대한 답은 '둘 다'에 가깝다. 즉, 역사적으로 볼 때 여성과학자의 수는 남성과학자에 비해 실제로도 훨씬 적었고, 그나마 몇 안 되는 여성과학자의 경우에도 그 업적을 제대로 인정받아 후세에 이름을 남긴 경우가 거의 없었다는 것이다. 그렇다면 이제 두 번째 질문인 '왜 그랬는지'가 궁금해진다. 이에 대한 답은 단연 후자, 즉 여성이 교육과 연구를 통해 과학활동에 참여할 기회가 제도적으로 봉쇄되어 있었다는 데서 찾을 수 있다.

여기서 '과학활동에 참여할 기회'가 무엇을 의미하는지를 이해하려면 약간의 역사적 배경설명이 필요하다. 서양과학사의 흐름을 간단히 살펴보면, 서기 500년경을 전후해 로마제국이 멸망하면서 고대세계가 종말을 고하고 서유럽에는 학문활동에서 이른바 '암흑기(Dark Age)'가 도래하게 된다. 그러다가 서기 1000년을 경계로 고대 그리스의 학문적 성과가 라틴어로 번역되어 서유럽으로 다시 소개되면서 학문활동은 다시 중흥기를 맞는다. 이를 흔히 '12세기 르네상스'라고 부르는데, 우리가 잘 알고 있는 플라톤이나 아리스토텔레스, 유클리드의 여러 저작들도 이 시기에 서유럽으로 들어왔다. 1200년경부터 서유럽의 주요 도시(볼로냐, 파도바, 파리, 옥스퍼드, 케임브리지 등)에 생겨나기 시작한 '대학'은 바로 이러한 아리스토텔레스 등의 저작을 소화해 교육하는 역할을 담당했던 학문활동의 전당이었다. 이어 17세기 중엽에 영국과 프랑스에서 처음 생겨나 이내 서유럽 전역으로 확산된 '과학단체'는 이후 분야별로 점차 전문화되면서 과학자들이 연구성과를 서로 교류하고 업적을 승인받는 공식적인 제도로 점차 자리를 잡았다.

1660년에 생긴 영국의 왕립학회(Royal Society)나 1666년에 생긴 프랑스 과학아카데미(Académie royale des sciences)는 현재까지도 남아 있는 최고(最古)의 과학단체이다.

여성과학자의 수가 적었던 것은 과학사에서 매우 중요한 역할을 했던 바로 이러한 대학과 과학단체들이 여성의 참여를 애초에 배제했다는 데 크게 기인한다. 서유럽의 대학들 대부분은 (극히 일부의 예외를 제외하면) 19세기 말까지 여성의 입학을 허용하지 않았고, 이러한 경향은 19세기에 높은 과학 연구 수준을 자랑했던 영국과 독일에서 특히 심했다. 따라서 여성들은 당대의 발전된 과학 지식을 습득할 수 있는 고등교육의 장에 참여할 기회를 아예 얻지 못했다. 또한 17세기 이후 생겨난 과학단체들은 극히 최근까지도 여성과학자를 회원으로 받아주지 않았다. 미국의 국립과학원은 1925년, 영국의 왕립학회는 1945년에야 처음으로 여성회원을 받았으며, 프랑스 과학아카데미는 1979년(!)에 와서야 최초의 여성회원을 선출했다(프랑스 과학아카데미는 1911년에 두 번이나 노벨상을 수상한 퀴리 부인을 여자라는 이유로 회원 선출에서 탈락시켜 악명을 떨치기도 했다).

이 때문에 19세기 이전에 과학활동을 했던 소수의 여성들은 극히 어려운 여건 속에서 활동을 해야만 했다. 과학사가들이 최근 역사 속에서 발굴해낸 여성과학자들의 사례는 이를 잘 보여준다. 마거릿 캐번디시(Margaret Cavendish), 마리아 메리안(Maria Merian), 마리아 빙켈만(Maria Winkelmann), 에밀리 뒤 샤틀레(Émilie du Châtelet), 라우라 바시(Laura Bassi), 캐럴라인 허셜(Caroline Herschel) 등과 같이 17~18세기에 과학분야에서 활동했던 여성들(아마 대부분의 사람들은 이름조차 생소하게 여길)은 대체로

◀ 독일 지역에서 활동한 곤충학자 마리아 메리안(1647~1717). 동판화가 집안 출신으로 곤충의 변태를 관찰한 결과를 훌륭한 삽화와 함께 책으로 펴냈다. 그녀의 대표작 『수리남 곤충의 변태』(1705년)는 국내에도 『곤충·책』이라는 제목으로 일부 번역되어 나와 있다.

공식교육에서 배제되어 가정교사에게 배우거나 가업(家業)을 도우면서 어깨 너머로 과학을 공부했다. 학회 등의 제도적 공간에 대한 참여가 제한되었기 때문에 그들은 많은 경우 아버지 혹은 남편의 조수로서 활동했고, 익명으로 혹은 다른 사람의 이름으로 책이나 논문을 출판해 자신의 연구업적을 정당하게 인정받지 못했다. 이를 감안해보면, 우리가 이들 여성과학자의 이름을 제대로 알고 있지 못한 것도 무리가 아니다. 그들의 활동은 당시 사회에서 철저하게 무시되고 억압되었고, 업적도 다른 사람의 이름으로 알려진 것들이 많았기 때문이다.

이러한 상황은 19세기 말 제도교육의 문호가 여성들에게 열리면서 조금씩 나아지기 시작한다. 20세기 초가 되면 오스트리아, 영국, 독일의 대학들이 여성의 입학을 허용하기 시작하고, 과학계에도 대학과 대학원을 거쳐 학위를 받은 여성과학자들이 본격적으로 등장하게 된다. 그러나 이때까지도 아직 여성이 과학활동을

▶ 계몽사상가 볼테르의 연인이기도 했던 에밀리 뒤 샤틀레(1706~1749). 그녀는 뉴턴 물리학에 관한 책을 썼으며, 뉴턴의 저작 『프린키피아』를 프랑스어로 번역하고 주석을 달아 출판했다.

하는 것을 못마땅하게 여기는 시선들이 지배적이었고, 여성과학자들은 갖은 수모를 가까스로 견디면서 경력을 이어나갔다. 마리 퀴리는 교통사고로 죽은 남편 피에르의 뒤를 이어 1907년 소르본 대학교 교수가 되었지만 노벨상을 받은 그녀의 업적이 실은 남편의 연구성과일 거라는 수군거림과 질시에 시달렸다. 핵분열 현상의 이론적 규명에 결정적인 기여를 했던 물리학자 리제 마이트너는 베를린 대학교 조교수가 된 다음에도 카이저 빌헬름 물리화학 연구소에 여자는 출입할 수 없다는 화학과장의 엄포에 못 이겨 연구소 정문이 아니라 청소부들이 출입하는 반지하 뒷문으로 다녀야 했다. 만년에 노벨 생리학상을 수상한 유전학자 바버라 매클린턱(Barbara McClintock)은 1927년 우수한 성적으로 박사학위를 받았으나 10여 년 이상 대학에 자리를 잡지 못하고 떠돌이 생활을 했다. 당시 그녀는 옥수수 유전학을 연구하고 있었으므로 농과대학에 자리를 잡아야 했지만, 고집센 농부들이 여자 대학교수의 말

◀ 유럽 대학에서 학위를 받은 두 번째 여성이자 최초의 여교수였던 라우라 바시(1711~1778). 볼로냐 과학아카데미 회원이기도 했던 그녀는 뉴튼 물리학에 정통했고 전기에 관한 연구를 했다. 그러나 그녀의 이와 같은 제도권 내에서의 성공은 극히 예외적인 것이었다.

을 듣지 않을 거라며 그녀를 교수로 뽑지 않았기 때문이었다.

20세기 후반으로 접어들면서 비로소 여성의 과학 참여를 가로막는 제도적인 장벽이 사실상 사라지게 되며, 과학계의 성적 불균등을 해결하기 위한 적극적 조치들이 취해지기 시작한다. 이 과정에서 중요한 계기가 되었던 사건이 1964년 10월 MIT에서 열렸던 '과학과 공학 분야의 미국 여성'이라는 제목의 심포지움이었다. 이 심포지움에서 사회학자 앨리스 로시는 〈과학 속의 여성: 왜 그렇게 수가 적은가? Women in Science: Why So Few?〉라는 기념비적인 연설을 했다. 그녀는 연설에서 방대한 실증적 자료를 동원해 여성의 과학 참여를 가로막는 사회적·심리적 요인들을 지적하고 여성의 과학계 진출을 촉진하기 위한 실천과제들을 제시했다. 이 연설문은 이듬해에 『사이언스』지에 실리면서 이후 과학계에서의 여성의 위상문제에 정책적 관심이 집중되는 데 중요한 역할을 하게 된다.

사라지지 않은 장벽: 오늘날의 여성과학자

과거 여성의 과학계 진출을 가로막았던 다양한 공식적 장벽은 오늘날 거의 사라졌다. 이제 여성이라는 이유로 대학에 입학할 수 없거나 학회의 회원 가입을 거부당하거나 하는 사례는 더 이상 찾아볼 수 없게 되었다. 적어도 공식적으로는 누구나 성별을 막론하고 '능력만 있으면' 과학자로서의 경력을 차근차근 밟아나가 대학의 정교수나 연구소의 책임연구원과 같은 높은 지위, 더 나아가 노벨상 수상자의 지위에 오를 수 있게 된 것이다. 그러나 이러한

'이론적' 가능성과는 달리 아직도 많은 과학분야들에서 여성과학자의 수는 턱없이 적고, 여성이 높은 지위까지 오르는 비율은 남성에 비해 매우 낮다. 왜 그럴까? 그 이유는 여성들이 남성 위주의 학계 메커니즘에서 알게모르게 소외되고 불평등한 대우를 받으면서 과학활동을 중도에 포기하고 다른 영역으로 진출하는 경우가 많기 때문이다.

이를 이해하기 위해서는 오늘날 과학자사회의 구조가 어떠하며 어떤 식으로 운영되는지를 알 필요가 있다. 과학 전공으로 대학에 입학한 학생은 석사, 박사과정으로 진학해 지도교수 밑에서 논문을 써서 학위를 받은 후, 박사 후 연구원(post-doc) 등을 거치면서 학술지에 논문을 발표해 연구업적을 쌓아야 한다. 이러한 연구업적을 바탕으로 대학의 교수가 되거나 연구소의 연구원으로 자리를 잡을 수 있으며, 여기서도 다시 논문을 발표해 연구업적을 인정받으면 더 높은 자리에 오를 수 있다. 연구업적을 쌓기 위해서는 연구비를 많이 따내어 석사·박사과정 학생들이나 박사 후 연구원들로 연구팀을 조직해 연구를 수행한 후 관련 분야의 학회에서 동료 과학자들의 인정을 받고 학술지의 논문 심사를 통과하는 것이 중요하다. 그런데 여성과학자들은 바로 이 과정, 즉 논문 주제를 정해 학위를 받고, 연구비를 따내고, 학회에서 논문을 발표하고, 학술지에 논문을 싣는 등의 모든 과정에서 알게모르게 불이익을 당하기 때문에 더 높은 지위로 올라가는 데 제약을 받게 된다.

이로 인해 여성들은 학계라는 피라미드의 상층부로 올라갈수록 그 비율이 급격히 감소한다. 근래 들어 점점 더 많은 수의 여학생들이 대학의 이공계로 진학하고 있음에도 불구하고 대학의 여자

교수나 연구소의 선임급 이상 여성연구원의 비율은 제자리걸음을 하고 있는 것도 바로 이 때문이다. 과학자로서의 경력을 밟아나가는 고비마다 많은 여성들이 떨어져나가는 이러한 현상을 두고 혹자는 구멍이 숭숭 뚫린 수도관에 비유하기도 한다. 또한 여성의 진출을 가로막는 눈에 보이지 않는 장벽이 여전히 온존해 있다는 점에서 이러한 문제를 '유리 천장(glass ceiling)'이라고 이름붙이기도 한다.

최근 미국과 유럽에서는 바로 이 유리 천장의 실체를 적나라하게 보여준 일련의 연구들이 나와 과학계를 경악시켰다. 사실 그동안에는 일부 여성과학자들의 문제 제기에도 불구하고, 여성에 대한 차별은 과거의 일이며 요즘의 과학계에는 그런 것이 더 이상 존재하지 않는다는 남성과학자들의 항변이 계속 먹혀들었다. 만약 여성이 과학에서 성공하지 못한다면 그것은 더 이상 학계의 문제가 아니라 여성 개인의 문제라는 것이었다. 그러나 1990년대 후반에 스웨덴과 미국에서 여성과학자에 대한 비공식적·무의식적 차별의 존재를 보여주는 부인할 수 없는 증거가 등장했다. 스웨덴 의학연구재단이 지원한 한 연구에서는 여성과학자가 동등한 조건의 남성과학자만큼 연구비 지원을 받으려면 2.2배 더 많은 연구업적을 갖고 있어야 한다는 충격적인 연구결과가 나왔다. 바꿔 말해 여성과학자는 동일한 양의 연구업적을 가진 남성과학자보다 연구비를 따내기가 훨씬 더 어렵다는 것이다.

이어 1999년에 미국 유수의 공과대학 중 하나인 MIT에서 발표된 연구는 5년간에 걸친 다방면의 자료 수집과 인터뷰에 근거해 크게 관심을 모았다. 이 연구의 결과는 과학자의 경력 전반에 걸친 차별의 증거를 밝혀내 연구에 참여했던 여성과학자들마저도

깜짝 놀라게 했다. 이에 따르면 과학계에 진입한 여성들은 남성과학자에 비해 더 적은 봉급을 받았고, 학과 내에서 더 낮은 지위를 점했으며, 더 적은 연구실 공간을 배정받았고, 학위를 마친 후 더 안 좋은 직장을 얻게 되었으며, 더 많은 강의부담을 졌고, 연구비 지원을 받는 데 더 많은 어려움을 겪었으며, 최초의 연구비 지원 신청에서 떨어질 가능성이 더 높았다. 부인할 수 없는 증거에 직면한 미국의 주요 대학들은 2000년부터 여성과학자에 대한 보이지 않는 차별의 문제를 해결하기 위한 노력을 기울이고 있다.

대안의 모색: 악순환의 고리 끊기

사회에 안정적으로 자리잡은 여성과학자의 수가 적다는 것은 여성 고급인력의 직업기회 박탈이라는 측면에서도 문제이지만, 과학자가 되는 것을 목표로 하는 여학생들이 역할 모형(role model)으로 삼을 만한 사람이 없어진다는 측면에서 더 큰 문제점을 내포한다. 과학분야에 진학하려는(혹은 이미 진학한) 학생들은 자신이 의지하고 조언을 구할 수 있는 멘토를 찾기 마련인데 대학의 특정 전공분야에 여자교수의 수가 극히 적거나 아예 없으면 여학생들은 이 분야가 별로 전망이 없다고 보고 중도에 포기할 가능성이 높다. 이러다 보면 과학계로 새로 진입하는 여성들의 수가 적어질 수밖에 없고 이에 따라 고위직에 진출하는 여성의 수가 다시 적어지는 악순환이 이어지게 된다.

이러한 악순환의 고리를 끊기 위해서는 높은 지위에 도달하는 여성과학자의 수를 늘리는 한편으로, 새로 과학에 진입하는 학생들에게 장래의 전망을 제시해줄 수 있어야 한다. 이와 같은 두 가지 목표를 위해 많은 국가들에서는 채용할당제와 멘토링(mentoring) 체제를 추진하고 있다. 채용할당제는 새로 임용되는 교수의 일정 비율을 여성에게 할당해 여자교수의 비율을 일정 수준 이상으로 높이기 위한 노력의 일환이다. 또한 와이즈(WISE, Women in Science and Engineering) 프로그램의 일환으로 진행되고 있는 멘토링 체제는 교수(멘토)와 학생(멘티)을 서로 이어주어 학생들이 진로 결정이나 직업 선택에 필요한 조언을 제공함으로써 과학계 진출을 쉽게 해준다.

여성들이 유리 천장을 뚫고 과학분야에 더 많이 참여할 수 있도록 돕는 것은 '세상의 반'을 차지하는 여성들의 재능을 사장시키지 않기 위한 것이기도 하지만, 그에 못지않게 과학 그 자체가 편향되지 않고 성평등적으로 발전해나갈 수 있도록 하는 길이기도 하다. 여성과학자들의 새로운 도전이 이제 막 시작되고 있다.

21세기의 과학기술
과학의 상업화와 새로운 위험

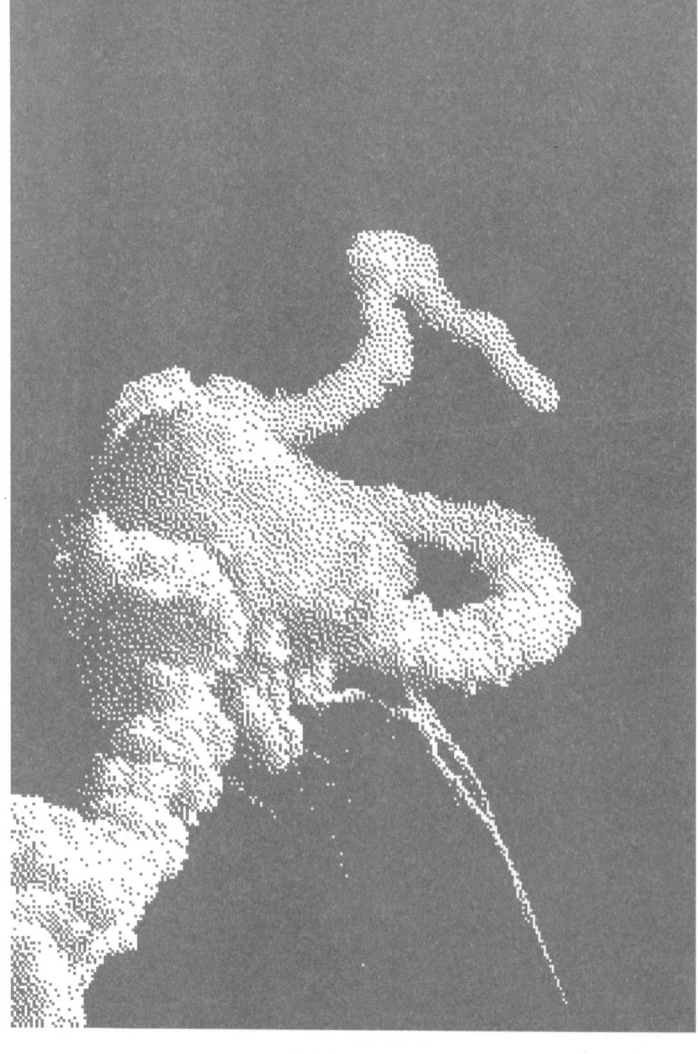

앞선 장들에서 다룬 여러 사례들은 20세기의 과학기술 발전에 두 차례의 세계대전과 냉전으로 대표되는 군사적 연구개발의 그림자가 길게 드리워 있음을 보여준다. 전쟁을 거치며 과학의 '유용성'을 깨달은 각국 정부는 과학 연구에 대대적인 지원을 아끼지 않았고, 이처럼 엄청난 지원은 과학활동의 규모와 수행되는 양상을 크게 변화시켰다. 이 시기는 또한 과학기술의 발전에 대한 무한한 낙관이 지배적인 시기이기도 했다. 과학기술의 발전으로 인한 물질적 혜택을 직접 누리게 된 일반대중은 이를 대체로 긍정적인 눈으로 바라보았고, 설사 새로운 과학기술이 어떤 문제를 야기하더라도 이는 과학기술이 더 발전되면 자연히 해결될 문제라는 식으로 받아들였다.

그러나 20세기 후반으로 접어들어 이러한 경향은 점차 변화하기 시작했다. 정부의 무조건적 과학 연구 지원에 대한 회의적 시각이 등장하면서 이른바 '순수 연구'보다는 과거에 비해 좀더 목적지향적인 연구가 선호되기 시작했고, 민간기업의 연구비 지출이 크게 증가해 정부의 연구비를 앞질렀다. 또 과학기술을 바라보는 일반대중의 시각도 상당히 바뀌었는데, 이는 과학기술 발전의 부정적 측면이 점차 부각되고 과학기술에 얽힌 위험의 양상이 변화한 것과 관련이 깊다.

과학의 상업화

제2차 세계대전 이후 각국의 정부들이 과학 연구에 대한 지원을 대대적으로 증가시키면서 정부는 과학 연구에서 가장 큰 비중을

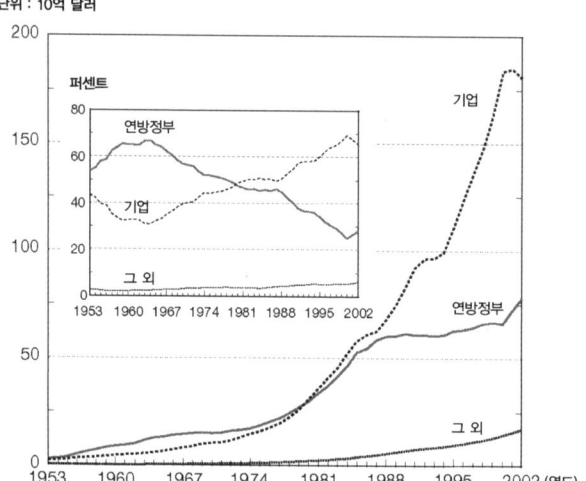

◀ 자금 원천에 따라 분류한 미국 연구개발비 추이(1953~2002년). 1960년대 초만 해도 연방정부의 연구비가 기업의 연구비를 2배 가까이 앞질렀지만, 1980년을 전후해 그 비율이 역전되기 시작해 지금은 그 반대양상이 나타나고 있음을 볼 수 있다(작은 그래프).

차지하는 후원자가 되었다. 같은 기간 동안 기업이나 민간재단 등도 과학 연구에 대한 지원을 상당한 정도로 증가시켰지만 정부 연구비의 엄청난 증가 수준에는 미치지 못했다.

그러나 1970년대부터 기업의 연구비 지원이 대대적으로 늘어나면서 이러한 경향은 점차 역전되기 시작했다. 가령 미국의 경우 1970년에는 연방정부가 지원하는 연구비가 149억 달러, 민간기업이 지원하는 연구비가 104억 달러로 연방정부 연구비가 더 많았지만, 1997년에는 연방정부 637억 달러, 민간기업 1333억 달러로 기업 연구비가 연방정부 연구비를 2배 이상 추월했다. 이처럼 큰 변화가 단시일 내에 일어난 것은 컴퓨터, 정보통신, 생명공학과 같은 이른바 '지식기반' 산업분야들이 이 시기를 전후해 급부상한 것과 무관하지 않다. 이런 분야들에서는 막대한 연구개발비를 투입해 새로운 지식이나 상품을 먼저 개발함으로써 관련 시장을 선점하는 것이 결정적으로 중요해졌는데, 이것이 기업들의 연구개발 기획을 크게 자극한 결과이다.

대표적인 지식기반 산업으로 꼽히는 생명공학을 예로 들어보자. 이전까지 과학에서의 기초연구는 상업적인 응용과는 무관하거나 설사 상업화가 된다 해도 수십 년 이상의 기간이 걸리는 경우가 대부분이었고, 따라서 기초연구로부터 금전적 이득을 기대하는 경우는 거의 없었다. 반면 오늘날의 생명공학은 기초연구와 응용(혹은 개발)연구의 간극이 극히 좁아져 일부 분야에서는 거의 사라지다시피 했다. 일례로 사람의 염색체 안에 들어 있는 DNA의 염기서열을 해독하는 인간게놈프로젝트의 경우, 염기서열의 해독에서 유전자의 기능 규명, 이를 이용한 질병 진단 키트의 개발에 이르기까지 소요되는 시간이 매우 짧아졌고, 심지어 염기서열(AGCT……로 이뤄진 문자들의 배열) 그 자체도 특허 출원의 대상이 되고 있다. DNA의 염기서열을 밝혀내는 것처럼 일견 가장 기초적인 연구가 곧바로 상업적인 이득을 실현시키는 원천이기도 한 상황이 전개되고 있는 것이다.

흥미로운 점은 이처럼 크게 늘어난 기업의 연구비가 자체적인 산업연구소보다는 주로 대학의 연구자들에게 지원되었다는 사실이다. 그 결과 1980년대 이후 대학의 과학 연구에 대한 기업의 직접적인 관여가 크게 증가했다. 1981년에서 1995년 사이에 기업 연구자와 대학 연구자가 공동으로 연구해 발표한 논문의 비율은 21.6퍼센트에서 40.8퍼센트로 거의 2배 가까이 늘었고, 특히 생의학 분야에서는 4배로 커졌다. 대학의 생의학 연구에서 기업 연구비의 비중은 1980년대 초까지만 해도 5퍼센트에 불과했으나 1990년대 말에는 일부 대학에서 25퍼센트까지 뛰어올랐다. 역으로 기업 운영에 대한 대학 연구자들의 관여도 증가했다. 대학교수가 제약회사 같은 기업체의 임원이나 자문위원이 되는 일이 부쩍 늘어났고, 아예 대학의 연구자가 벤처회사를 설립해 기업의 최고경영자(CEO)와 대학교수직을 겸하는 일도 드물지 않은 일이 되었다.

이와 같은 대학과 기업의 밀월관계는 1999년 캘리포니아 대학교 버클리 캠퍼스(UC 버클리)의 식물·미생물학과와 스위스의 생명공학 회사인 노바티스(이듬해에 노바티스의 농업부문이 합병을 거쳐 신젠타로 이름을 바꾸었다)가 체결한 계약에서 정점에 달했다. 이 전대미문의 계약에서 노바티스는 UC 버클리의 식물·미생물학과에 5년간 2500만 달러의 연구비를 지원하고, 대신 이 학과에서 나오는 모든 연구성과의 3분의 1에 대한 우선적인 권리를 갖게 되었다. 이 계약은 UC 버클리는 물론이고 대학사회 전반에 엄청난 파장을 미쳤다. 상당수의 과학자들은 이제 다른 대학들 역시 기업과 유사한 계약관계를 맺도록 압박을 받을 것이고, 연구자들에게는 기업의 구미에 맞는 연구 주제를 선택하라는 무언의 압력이 가해져 학문의 자유가 심대하게 훼손될 것이라며 비판의 목소리를 높였다.

기업 연구비의 증가와 함께 나타난 과학의 상업화는 과학 연구의 주제를 정하고 연구를 수행하고 결과를 발표하는 전 과정에 영향을 미침으로써 오늘날 몇 가지 우려스러운 경향을 낳고 있다. 먼저 연구결과와 관련해 특허 등 지적재산권을 확보하는 일이 중요해지면서 과학계에 비밀주의 문화가 크게 확산되었다. 과학자들은 기업의 동의 없이는 연구결과를 발표하지 않겠다는 계약조항에 묶여, 혹은 지적재산권 확보를 통해 직접 이득을 얻으려는 의도에서 연구결과의 발표를 지연시키거나 데이터의 공유를 거부하고 있다. 1997년 『미국의사협회지』에 발표된 한 연구에서 생명공학 분야와 관련된 3000여 명의 대학 연구자들을 조사한 결과에 따르면, 그중 64퍼센트가 기업과 모종의 금전적 관계로 얽혀 있었고 20퍼센트는 6개월 이상 연구결과의 발표를 지연시킨 경험이 있는 것으로 나타났다. 이러한 경향은 과학 연구의 내용 그 자체에도 영향을 미치고 있다. 기업이 자신에게 유리해 보이는 연구를 집중적으로 지원하면서 편향된 연구결과가 도출되는 결과가 빚어지고 있는 것이다. 가령 새로운 항암제에 관한 연구의 경우, 항암제를 개발한 회사가 지원한 연구에서는 불과 5퍼센트만이 기업에 불리한 결과에 도달하는 반면, 다른 조직이 지원한 연구에서는 38퍼센트가 불리한 결과를 내놓는다는 놀라운 사실이 보고된 바 있다.

 더 나아가 과학의 상업화는 연구자들에게 상업성이 있는 연구결과를 빨리 도출해야 한다는 압력으로 작용해 연구결과를 위조, 변조, 표절하는 등의 연구 부정행위(research misconduct)를 낳을 수 있다. 연구자들이 금전적 이득을 얻을 목적으로 실험 데이터를 조작한 전례는 이미 여러 건의 연구 부정행위 사건에서 발생한 적이 있고, 우리나라 역시 2005년 말 이른바 '황우석 사태'로 큰 홍역을 치른 바 있다. 이 문제를 가장 일찍 겪은 미국에서는 1992년 보건복지부 산하에 연구진실성관리국(Office of Research Integrity, ORI)을 만들어 연구 부정행위 고발에 대한 조사를 관장하게 했고, 다른 여러 나라들도 이와 유사한 제도적 장치를 마련했거나 마련하는 중에 있다. 이렇듯 과학의 상업화 경향은 21세기로 접어든 현 시점의 과학에 여러 가지 새로운 과제를 안겨주고 있다.

대중 논쟁과 새로운 위험의 부각

20세기를 마감하고 21세기로 막 접어든 지금의 시점에서, 우리가 과학기술을 바라보는 눈은 20세기 중반까지 사회 전반을 풍미했던 관점과는 판이하게 달라졌다. 오늘날 우리는 과학기술의 발전이 제공하는 혜택을 긍정하면서도 그 미래에 대해서는 좀더 조심스러운 태도를 취하며, 과학기술 발전에 대해 무조건적으로 열광하는 태도는 과거에 비해 훨씬 줄어들었다. 과학기술을 바라보는 관점에 이처럼 획기적인 변화가 일어날 수 있었던 데는 앞선 장들에서 서술한 내용과 연관된 지난 수십 년 동안의 변화들이 크게 작용했다.

먼저 20세기 중반 이후 과학기술의 놀라운 발전이 수반하는 어두운 측면이 점차 주목받기 시작했다. 제2차 세계대전 말 미국이 일본에 투하한 원자폭탄의 엄청난 위력은 일반대중을 경악시켰고, 이후 미국과 소련이 경쟁적으로 수소폭탄을 개발해 본격적인 군비 경쟁에 돌입하자 핵전쟁으로 인류가 절멸할지도 모른다는 위기의식이 사회 전반을 어둡게 뒤덮었다. 아울러 베트남 전쟁에서 미국 과학자들이 선보인 첨단 신무기들은 과학의 힘이 파괴와 인명 살상을 위해 쓰이는 것이 과연 정당한가 하는 심각한 의문을 제기하기 시작했다.

아울러 제2차 세계대전 때 많은 인명을 구해 찬사를 받았던 합성살충제는 해충 구제의 명목으로 지나치게 남용되면서 생태계를 파괴하고 사람들의 건강에도 악영향을 미치는 등 점차 문제를 일으켰다. 이 문제의 심각성을 고발한 레이첼 카슨의 책 『침묵의 봄』은 화학회사와 관련 이해당사자들의 강력한 반발에도 불구하고

▶ 미국의 일반대중에게 수소폭탄의 위력을 각인시킨 1954년의 캐슬브라보 실험.

엄청난 파장을 불러일으켰고, 일반시민들의 환경의식을 높여 현대 환경운동이 태동하는 데 중대한 기여를 했다. 1970년대 이후 본격적으로 등장한 오존층 파괴나 지구온난화 같은 쟁점들은 인간의 활동으로 인한 환경파괴를 전지구적 차원의 문제로 격상시켰다.

디지털 컴퓨터나 인공위성 등 정보통신기술과 감시기술의 발전 역시 우려를 불러일으켰다. 컴퓨터의 크기가 작아지고 가격이 낮아지면서 정보의 저장, 분류, 검색 등을 위해 컴퓨터를 이용하는 정부기구나 기업들이 점점 많아졌고, 이러한 변화는 정보 프라이버시가 침해될 수 있는 현실적인 가능성을 더욱 높여놓았다. 1970년대에 등장한 DNA 재조합 기법은 과학 연구의 의도하지 않은 결과로 새로운 병원체가 만들어질지 모른다는 새로운 걱정거리를 보태었고, 생명공학이 발전하면서 나타난 GM식품이나 생명복제 등의 성과들 역시 안전성과 윤리성에 대한 문제를 제기하고 있다.

이 모든 사건들은 특정 기술 발전에 비판적인 입장을 가진 과학자와 엔지니어들이 선도적으로 문제를 제기하면서 대중 언론에 널리 보도된 논쟁을 일으켰다. 논쟁 과정에서는 이전까지 기술정책 영역에서 소외되었던 일반시민들이 자신의 목소리를 내며 정책결정 과정에 대해 진출을 시도하는 모습도 등장하기 시작했다.

다른 한편으로, 1970년대 이후 터져나온 일련의 기술사고들은 현대 과학기술의 부정적 측면에 대한 우려를 구체적으로 뒷받침하는 '증거'가 되었다. 1979년의 스리마일 섬(Three Mile Island) 원자력발전소 사고와 1986년의 체르노빌(Chernobyl) 원자력발전소 사고는 제2차 세계대전 이후 개발된 거대기술 시스템 중 하나인 원자력발전소가 내포한 치명적 위험성을 드러낸 사건들이었다. 1976년 이탈리아의 세베소(Seveso)와 1984년 인도의 보팔(Bhopal)에서 발생한 유해 화학물질의 대량 유출 참사는 엄청난 인명피해를 빚으면서 대형 화학공장이 지닌 위험을 새삼스럽게 일깨웠다. 1986년 미국의 우주왕복선 챌린저 호가 발사 직후 공중폭발한 사고는 20세기를 대표하는 기술적 성과인 유인 달 착륙을 이뤄낸 NASA의 자존심을 여지없이 깨뜨린 사건이었다. 이러한 대형 기술사고들은 이전까지 위력을 떨쳤던 과학기술의 무오류성의 신화를 종식시켰고 이른바 '하면 된다'는 식의 낙관적 태도에 종말을 고했다.

대형 기술사고의 발생은 기술위험에 대한 담론도 변화시켰다. 사회학자 찰스 페로(Charles Perrow)는 기술 그 자체에는 아무 문제도 없는데 이것을 다루는 사람들이 뭔가를 잘못해 사고가 발생한다는 통상의 '인재(人災)' 관념에 반기를 들고 '정상사고(normal accident)'*라는 새로운 개념을 제시했다. 그는 스리마일 원자력발전소 사고에 대한 사례연구에 기초해, 기술의 위험을 줄이기 위해

정상사고
미국의 사회학자 찰스 페로가 1984년에 출간한 『정상사고: 고위험 기술들과 살아가기 Normal Accidents: Living with High-risk Technologies』에서 정식화한 개념이다. 이 책에서 페로는 산업사회가 양산해 낸 다양한 고위험 기술들에서 사고는 거의 피할 수 없는 '정상적'인 결과라고 주장했다. 수많은 구성요소들로 이루어진 복잡한 기술에서는 설사 각각의 구성요소들이 잘 작동하더라도 이들 간의 결합지점에서의 실패가 치명적인 문제를 야기할 수 있기 때문이다.

▶ 1986년에 발생한 우주왕복선 챌린저 호의 폭발 사고.

탈정상과학

1980년대 말부터 라베츠와 펀토위츠가 일련의 저술을 통해 제시한 개념이다. 이들에 따르면 "사실은 불확실하고, 가치문제가 논란에 휩싸여 있으며, 위험부담은 크고, 결정은 시급한" 오늘날의 탈정상과학 국면에서는 정상과학(normal science)에서 이뤄지는 특정 패러다임 내에서의 수수께끼 풀이가 더 이상 유효하지 않으며, 과학이 확실하고 빠른 답을 제공해줄 수도 없다. 가령 지구온난화 문제가 얼마나 심각하게 나타날지에 관해서는 상당히 큰 과학적 불확실성이 존재하며 앞으로의 연구를 통해 그런 불확실성이 완전히 제거될 가능성도 매우 낮다. 그러나 그렇다고 해서 지구온난화 문제에 대한 대응을 마냥 미뤄둘 수도 없다. 왜냐하면 아무런 조치도 취하지 않을 경우 지구온난화가 더욱 가속화되어 파국적인 결과를 초래할 수도 있기 때문이다.

만들어진 조직이 바로 위험의 원천이 될 수 있으며, 구성요소들이 서로 '단단하게' 결합된 시스템에서는 기술사고의 발생이 필연적인 귀결이라고 주장했다. 다이앤 본(Diane Vaughan)은 페로의 논의에 근거해 챌린저 호 사고의 원인에 대한 새로운 해석을 제시했다. 그녀는 NASA 조직의 관료적 태도와 무지, 그리고 독단이 챌린저 호 참사의 원인이라는 기존의 견해를 반박하면서, 발사 당일 아침의 추운 날씨에도 불구하고 우주왕복선을 발사하기로 한 결정이 지극히 '정상적'인 것이었음을 설득력 있게 보여주었다.

이와 연관해 사회학자 제롬 라베츠(Jerome Ravetz)와 실비오 펀토위츠(Silvio Funtowicz)는 오늘날의 사회가 탈정상과학(post-normal science)* 단계로 접어들면서 위험의 성격이 달라지고 있다는 이론을 펼쳤다. 이들에 따르면 현재 전지구적으로 쟁점이 되고 있는 GM식품, 지구온난화, 나노기술 등이 내포하고 있는 위험은 매우 높은 불확실성과 높은 위험부담으로 특징지어지는데, 이전의 위험들과 달리 이러한 탈정상과학 단계의 위험문제에 대해서는

16. 21세기의 과학기술   **227**

◀ 라베츠와 펀토위츠의 탈정상 과학 도식.

전문가들이 더 이상 정책결정을 독점할 수 없다. 전문가들조차도 위험의 규모와 성격을 확실하게 알 수 없고, 또 잘못된 결정이 내려졌을 때 빚어질 수 있는 파국적인 결과에 책임을 지는 것이 사실상 불가능하기 때문이다. 이 때문에 탈정상과학 단계의 도래는 필연적으로 과학기술의 민주화를 요청한다고 라베츠와 펀토위츠는 주장하고 있다.

과학기술의 민주화

지금까지 본 바와 같이 20세기 후반부터 부각된 과학의 상업화, 과학기술의 부정적 측면과 대형 기술사고의 발생, 위험의 성격 변화 등은 과학기술의 민주화라는 방향을 가리키고 있다. 과학기술의 민주화는 과학기술이 개발되어 시장에 나오고 사회에 영향을 미치고 그것의 부작용을 규제하는 모든 과정에 일반시민들이 참여해 발언권을 갖는 것을 말한다. 이는 오늘날 과학기술의 발전이 일반시민들의 일상생활에 엄청난 영향을 미치는 점을 감안할 때 어찌 보면 당연한 권리라고 할 수 있다. 혹자는 이런 권리를 '기술시민권(technological citizenship)'으로 부르기도 한다.

과학기술 관련 의사결정에 대한 일반시민들의 참여는 다양한 방식으로 나타날 수 있다. 원자력발전소나 방사성폐기물 처분장 건설, GM식품 반대 시위에 참여하는 것처럼 특정 과학기술이 개발되고 사회에 자리를 잡는 데 직접적인 반대 의사를 표시하는 것도 과학기술의 발전 과정에 영향을 미치는 중요한 참여방식 중 하나이다. 그리고 1970년대 이후에는 합의회의, 시민배심원, 과학상점, 참여설계 등 과학기술의 민주화를 위한 노력을 제도화시킨 다양한 틀이 서구 각국에서 나타나 주목을 끌었다.

1970년대와 1980년대에 미국과 덴마크에서 각각 시작된 시민배심원(citizen jury)과 합의회의(consensus conference)는 특정 기술과 관련해 쟁점이 형성되고 사회적 논쟁이 진행될 때 일반시민들의 의견을 반영하기 위한 숙의적 시민참여 제도의 일종이다. 이들 제도는 15~20명 내외의 선발된 일반시민들이 다양한 입장을 지닌 전문가들로부터 균형잡힌 정보를 제공받은 후 충분한 시간을 두고 자체적인 토론과 숙고를 거쳐 결론을 내리는 방식을 취한다. 이와 같은 숙의적 시민참여는 설문조사나 공청회, 주민투표처럼 일반시민들이 특정한 시점에 갖고 있는 정책 선호를 측정하는 데 그치는 종래의 의견수렴 방식보다 진일보한 것이라는 평가를 받고 있다. 그중 특히 합의회의는 1990년대 이후 서유럽을 벗어나 전세계 15개 국 이상에서 50여 차례 이상 개최된, 가장 성공한 숙의적 시민참여 제도로 손꼽힌다.

1970년대 네덜란드에서 처음 선을 보인 후 프랑스, 북아일랜드,

◀ 2004년 개최된 '전력정책의 미래에 대한 합의회의'에서 시민 패널이 전문가 패널에게 질의하는 모습.

미국 등 여러 나라로 확산된 과학상점(science shop)은 일종의 시민 참여형 연구센터라고 할 수 있다. 과학상점은 환경, 보건 등의 문제에서 실태 조사나 현장 연구를 필요로 하지만 재정 역량이 취약해 대학 등 기존의 연구자원들에 접근하기 어려운 지역의 시민단체, 환경운동단체, 노동조합 등으로부터 의뢰를 받고 대신 연구를 수행한다. 과학상점은 과학자의 사회적 책임이라는 의제와 다양한 사회운동의 전문성 요구가 행복하게 만난 것이라 할 수 있다.

참여설계(participatory design)는 새로운 기술의 연구개발이 완료되어 시장에 출시된 이후에야 비로소 일반시민들의 의견 제시가 가능한 현재 기술개발 과정의 문제점을 보완하기 위한 참여방식이다. 이는 개발 초기인 기술의 설계 단계에서부터 실수요자인 일반시민들과 이해당사자들의 의견을 적극적으로 반영하려 한다는 점에서 주목할 만하다. 1970년대 영국 루카스 항공의 노동자들이 수행했던 '협동계획(Corporate plan)'*은 사회 대다수 구성원들의 요구와 동떨어진 기술 개발을 거부하고 지역 주민과 노동조합

협동계획
1970년대에 영국의 군수기업인 루카스 항공(Lucas Aerospace)이 합리화 조치의 일환으로 다수의 노동자들을 정리해고하려 하자 노조연합위원회에서 1976년에 대안으로 제시한 계획이다. 수석 설계기사였던 마이크 쿨리(Mike Cooley)가 주도한 '협동계획'은 노동자들을 해고하는 대신 루카스 항공이 무기 생산에서 사회적으로 유용한 물품들의 생산으로 전환할 것을 주장했고, 태양열 집열장치, 인공 신장, 도로-철도 복합 차량과 같은 새로운 상품들을 실제로 설계하고 생산했다. 그러나 루카스 항공 경영진은 노조의 제안을 거부했고, 1981년 쿨리를 비롯한 노조 간부들을 해고해 협동계획은 결국 실패로 돌아갔다.

등의 의견을 받아들여 '사회적으로 유용한 생산'을 추구한 선구적인 사례였다.

  대중매체가 그려내는 미래 과학기술의 모습은 종종 정보기술, 생명공학, 나노기술 등이 엄청나게 발전한 휘황찬란한 유토피아이거나 첨단기술의 위험이 극단적으로 발현되어 황폐화된 디스토피아 둘 중 하나로 양극화되곤 한다. 그러나 과학기술의 미래는 저절로 장밋빛으로 변하거나 필연적으로 암울한 모습으로 치닫는 것이 아니라 우리의 참여로 만들어나갈 수 있는 것이다. 이를 위해서는 과학기술 발전의 궤적을 정해진 것으로 치부하거나 기성 이해집단의 힘에 굴복하지 말고 과학기술 개발의 모든 과정에 적극적으로 참여하는 우리 모두의 노력이 요구된다.

참고문헌

1. 현대과학의 특징

다니엘 케블레스, 김봉국 옮김, 「미국의 거대과학과 거대정치: 사멸한 SSC와 살아남은 휴먼게놈프로젝트에 대하여」, 박민아 · 김영식 엮음, 『프리즘: 역사로 과학 읽기』 (서울대학교출판부, 2007).

어니스트 볼크먼, 석기용 옮김, 『전쟁과 과학, 그 야합의 역사』(이마고, 2003).

이관수, 「미국 연구개발체제의 발달과 군사화: 더 크고 더 강하게」, 『역사비평』 64호 (2003).

이필렬, 「프리츠 하버: 빌헬름 시대 과학적 애국자의 비극적 종말」, 『과학사상』 32호 (2000).

임경순, 『20세기 과학의 쟁점』(민음사, 1995).

홍성욱, 「과학과 기술의 상호작용: 지식으로서의 기술과 실천으로서의 과학」, 『생산력과 문화로서의 과학기술』(문학과지성사, 1999).

_____, 「20세기 과학의 패러독스: 과학의 힘과 권위에 대한 공중의식의 변화를 중심으로」, 『과학과철학』 10집(1999).

Gingerich, Owen, *Album of Science: The Physical Sciences in the Twentieth Century*, (New York: Charles Scribner's Sons, 1989).

Knorr Cetina, Karin, "The Care of the Self and Blind Variation: The Disunity of Two

Leading Sciences," Peter Galison and David J. Stump (eds.), *The Disunity of Science: Boundaries, Contexts, and Power* (Stanford: Stanford University Press, 1996).

Volti, Rudi (ed.), *The Facts on File: Encyclopedia of Science, Technology, and Society*, 3 vols. (New York: Facts on File, 1999).

2. 핵과학의 발전과 원자폭탄의 개발
3. 원자력발전의 기원과 성쇠

데이비드 보더니스, 김민희 옮김, 『E=mc²』(생각의나무, 2001).

리처드 로즈, 문신행 옮김, 『원자폭탄 만들기』(상·하)(민음사, 1995).

이필렬, 『에너지 대안을 찾아서』(창작과비평사, 1999).

임경순, 『20세기 과학의 쟁점』(민음사, 1995).

홍성욱·이상욱 외, 『뉴턴과 아인슈타인: 우리가 몰랐던 천재들의 창조성』(창비, 2004).

Cowan, Robin, "Nuclear Power Reactors: A Study in Technological Lock-in," *The Journal of Economic History* 50:3 (1990).

Fermi, Rachel, and Esther Samra, *Picturing the Bomb: Photographs from the Secret World of the Manhattan Project* (New York: Harry N. Abrams, 1995).

Hughes, Thomas P., *American Genesis: A Century of Invention and Technological Enthusiasm* (New York: Viking Penguin, 1989).

Jasper, James M., *Nuclear Politics: Energy and the State in the United States, Sweden, and France* (Princeton, NJ: Princeton University Press, 1990).

Jolly, J. Christopher, "Linus Pauling and the Scientific Debate over Fallout Hazards," *Endeavour* 26:4 (2002).

4. 디지털 컴퓨터의 등장과 PC 혁명(1)
5. 디지털 컴퓨터의 등장과 PC 혁명(2)
6. 인터넷의 역사와 네트워크 사회의 도래

T. R. 리드, 김의동 옮김, 『디지털 세상의 지배자 칩』(바다출판사, 2003).
홍성욱, 「첨단 기술 시대의 독점과 경쟁: 마이크로소프트 소송과 새로운 경제학의 패러다임」, 『생산력과 문화로서의 과학기술』(문학과지성사, 1999).
____, 「인터넷은 열린 세상을 만들어낼 것인가?」, 홍성욱 · 백욱인 엮음, 『2001 싸이버 스페이스 오디쎄이』(창작과비평사, 2001).
Campbell-Kelly, Martin, and William Aspray, *Computer: A History of the Information Machine*, 2nd ed. (Boulder, CO: Westview Press, 2004).
Freiberger, Paul, and Michael Swaine, *Fire in the Valley: The Making of the Personal Computer*, 2nd ed. (New York: McGraw-Hill, 2000).
Lubar, Steven, *Infoculture* (Boston: Houghton Mifflin, 1993).

7. 냉전이 잉태한 우주개발 경쟁

레지널드 터닐, 이상원 옮김, 『달 탐험의 역사』(성우, 2005).
Degroot, Gerard J., *Dark Side of the Moon: The Magnificent Madness of the American Lunar Quest* (New York: New York University Press, 2006).
Dickson, Paul, *Sputnik: The Shock of the Century* (New York: Walker & Co., 2001).
McDougall, Walter A., ··· *The Heavens and the Earth: A Political History of the Space Age* (New York: Basic Books, 1985).
Van Allen, James A., "Is Human Spaceflight Obsolete?" *Issues in Science and Technology* 20:4 (Summer 2004).
Weinberg, Steven, "The Wrong Stuff," *The New York Review of Books* 51 (8 April 2004).

8. 합성살충제와 레이첼 카슨의 『침묵의 봄』

김재희, 『지구의 딸 지구시인 레이첼 카슨』(이유책, 2003).
레이첼 카슨, 김은령 옮김, 『침묵의 봄』(에코리브르, 2002).
배리 카머너, 송상용 옮김, 『원은 닫혀야 한다』(전파과학사, 1980).
섀런 버트시 맥그레인, 이충호 옮김, 『화학의 프로메테우스』(가람기획, 2002).
알렉스 맥길리브레이, 이충호 옮김, 『세계를 뒤흔든 침묵의 봄』(그린비, 2005).
임경순, 『21세기 과학의 쟁점』(사이언스북스, 2000).
Lear, Linda, "Rachel Carson's *Silent Spring*," *Environmental History Review* 17:2 (1993).
Mandavilli, Apoorva, "DDT Returns," *Nature Medicine* 12 (August 2006).
Russell, Edmund, *War and Nature: Fighting Humans and Insects with Chemicals from World War I to* Silent Spring (Cambridge: Cambridge University Press, 2001).

9. 오존층 파괴 논쟁, 전지구적 환경문제의 시작

가브리엘 워커, 이충호 옮김, 『공기 위를 걷는 사람들』(웅진지식하우스, 2008).
섀런 버트시 맥그레인, 이충호 옮김, 『화학의 프로메테우스』(가람기획, 2002).
Brown, Michael S. and Katherine A. Lyon, "Holes in the Ozone Layer," Dorothy Nelkin (ed.), *Controversy: Politics of Technical Decisions*, 3rd ed. (Newbury Park, CA: SAGE, 1992).
Cowen, Ron, " Beyond Discovery: The Ozone Depletion Phenomenon." [http://www.beyonddiscovery.org/content/view.article.asp?a=73]
Fahey, D.W. et al. "Twenty Questions and Answers about the Ozone Layer." [http://www.esrl.noaa.gov/csd/assessments/2006/chapters/twentyquestions.pdf]

10. 지구온난화의 길고 굴곡진 역사

가브리엘 워커, 이충호 옮김, 『공기 위를 걷는 사람들』(웅진지식하우스, 2008).

윌리엄 K. 스티븐스, 오재호 옮김, 『인간은 기후를 지배할 수 있을까?』(지성사, 2005).

Kerr, Richard A., "Pushing the Scary Side of Global Warming," *Science* 316 (8 June 2007).

Weart, Spencer R., "The Discovery of the Risk of Global Warming," *Physics Today* 50 (January 1997).

_____, "The Discovery of Rapid Climate Change," *Physics Today* 56 (August 2003).

_____, *The Discovery of Global Warming* (Cambridge, MA: Harvard University Press, 2003).

11. 환경호르몬이 제기하는 새로운 위협

테오 콜본 외, 권복규 옮김, 『도둑 맞은 미래』(사이언스북스, 1997).

Breithaupt, Holger, "A Cause without a Disease," *EMBO Reports* 5:1 (2004).

Krimsky, Sheldon, *Hormonal Chaos: The Scientific and Social Origins of the Environmental Endocrine Hypothesis* (Baltimore: Johns Hopkins University Press, 2000).

Wakefield, Julie, "Boys Won't Be Boys," *New Scientist*, no. 2349 (29 June 2002).

12. 생명공학 혁명과 대중 논쟁

에릭 그레이스, 싸이제닉 생명공학연구소 옮김, 『생명공학이란 무엇인가』(지성사, 2000).

임경순, 『20세기 과학의 쟁점』(민음사, 1995).

전방욱, 『수상한 과학』(풀빛, 2004).

제레미 리프킨, 전영택·전병기 옮김, 『바이오테크 시대』(민음사, 1999).

크리스토퍼 토머스 스콧, 이한음 옮김, 『줄기 세포』(한승, 2006).

Heilbron, J. L. (ed.), *The Oxford Companion to the History of Modern Science* (New York: Oxford University Press, 2003).

Krimsky, Sheldon, "Regulating Recombinant DNA Research and Its Applications," Dorothy Nelkin (ed.), *Controversy: Politics of Technical Decisions*, 3rd ed. (Newbury Park, CA: SAGE, 1992).

Nelkin, Dorothy, and M. Susan Lindee, "Cloning in the Popular Imagination," *Cambridge Quarterly of Healthcare Ethics* 7 (1998).

Turney, Jon, *Frankenstein's Footsteps: Science, Genetics, and Popular Culture* (New Haven: Yale University Press, 1998).

13. 망원경의 거대화와 천문학의 거대과학화

Gingerich, Owen, *Album of Science: The Physical Sciences in the Twentieth Century*, (New York: Charles Scribner's Sons, 1989).

Hufbauer, Karl, "Astronomy," John Krige & Dominique Pestre (eds.), *Science in the Twentieth Century* (Amsterdam: Harwood Academic Publishers, 1997).

Reichhardt, Tony, "Is the Next Big Thing Too Big?" *Nature* 440 (9 March 2006).

Van Helden, Albert, "Building Large Telescopes, 1900-1950," Owen Gingerich (ed.), *Astrophysics and Twentieth-Century Astronomy to 1950: Part A* (Cambridge: Cambridge University Press, 1984).

Volti, Rudi (ed.), *The Facts on File: Encyclopedia of Science, Technology, and Society*, 3 vols. (New York: Facts on File, 1999).

14. 판구조론 혁명과 냉전 시기의 지구과학

레이먼드 시버, 「냉전 시기의 지구과학 연구」, 노암 촘스키 외, 정연복 옮김, 『냉전과 대학』(당대, 2001).

헬 헬먼, 이충호 옮김, 『과학사 속의 대논쟁 10』(가람기획, 2000).

Doel, Ronald E., "The Earth Sciences and Geophysics," John Krige & Dominique Pestre (eds.), *Science in the Twentieth Century* (Amsterdam: Harwood Academic Publishers, 1997).

Heilbron, J. L. (ed.), *The Oxford Companion to the History of Modern Science* (New York: Oxford University Press, 2003).

Kious, W. Jacquelyne, and Robert I. Tilling, *This Dynamic Earth: The Story of Plate Tectonics* (United States Government Printing, 1996). [http://pubs.usgs.gov/gip/dynamic/dynamic.html]

15. 세상의 반, 여성과학자의 좌절과 도전

김영식 · 임경순, 『과학사신론』(다산출판사, 2007).

론다 쉬빈저, 조성숙 옮김, 『두뇌는 평등하다』(서해문집, 2007).

오조영란 · 홍성욱 엮음, 『남성의 과학을 넘어서』(창작과비평사, 1999).

Lawler, Andrew, "Tenured Women Battle to Make It Less Lonely at the Top," *Science* 286 (12 November 1999).

Wennerås, Christine, and Agnes Wold, "Nepotism and Sexism in Peer-Review," *Nature* 387 (22 May 1997).

16. 21세기의 과학기술

도로시 넬킨, 「과학 논쟁: 미국 대중논쟁의 내부동학」, 김명진 엮고 지음, 『대중과 과학기술』(잉걸, 2001).

셸던 램튼·존 스토버, 정병선 옮김, 『거짓 나침반: 거대기업과 전문가들은 어떻게 정보를 조작하는가』(이후, 2006).

이필렬, 『에너지 대안을 찾아서』(창작과비평사, 1999).

제롬 라베츠, 이혜경 옮김, 『과학, 멋진 신세계로 가는 지름길인가?』(이후, 2007).

참여연대 과학기술민주화를위한모임 엮음, 『진보의 패러독스』(당대, 1999).

홍성욱, 『파놉티콘: 정보사회 정보감옥』(책세상, 2002).

Collins, Harry, and Trevor Pinch, *The Golem at Large: What You Should Know about Technology* (Cambridge: Cambridge University Press, 1998).

Dietz, Thomas et al., "Risk, Technology, and Society," Riley E. Dunlap & William Michelson (eds.), *Handbook of Environmental Sociology* (Westport, CT: Greenwood Press, 2002).

Franzen, Martina, et al., "Fraud: Causes and Culprits as Perceived by Science and the Media," *EMBO Reports* 8:1 (2007).

Mirowski, Philip, and Esther-Mirjam Sent, "The Commercialization of Science and the Response of STS," Edward J. Hackett et al. (eds.), *The Handbook of Science and Technology Studies*, 3rd ed. (Cambridge, MA: MIT Press, 2008).

Resnik, David B., "Financial Interests and Research Bias," *Perspectives on Science* 8:3 (2000).

사 진 출 처 목 록

14, 15(쪽) Owen Gingerich, *Album of Science: The Physical Sciences in the Twentieth Century*, 262쪽.

17 Owen Gingerich, *Album of Science: The Physical Sciences in the Twentieth Century*, 268쪽과 269쪽.

21 『네이처』 2001년 2월 15일자.

23 Owen Gingerich, *Album of Science: The Physical Sciences in the Twentieth Century*, 153쪽과 148쪽.

24, 25 Owen Gingerich, *Album of Science: The Physical Sciences in the Twentieth Century*, 147쪽.

31 Owen Gingerich, *Album of Science: The Physical Sciences in the Twentieth Century*, 8쪽.

34 Owen Gingerich, *Album of Science: The Physical Sciences in the Twentieth Century*, 130쪽과 131쪽.

37 Rachel Fermi and Esther Samra, *Picturing the bomb: photographs from the secret world of the Manhattan Project*.

38 Owen Gingerich, *Album of Science: The Physical Sciences in the Twentieth Century*, 132쪽(위)과 136쪽(아래).

40 Rachel Fermi and Esther Samra, *Picturing the bomb: photographs from the secret world of the Manhattan Project*.

49 Owen Gingerich, *Album of Science: The Physical Sciences in the Twentieth*

Century, 266쪽.

50 Owen Gingerich, *Album of Science: The Physical Sciences in the Twentieth Century*, 139쪽.

53 James M. Jasper, *Nuclear Politics: Energy and the State in the United States, Sweden, and France*, 47쪽 그래프 참조.

59 Owen Gingerich, *Album of Science: The Physical Sciences in the Twentieth Century*, 198쪽.

61 Owen Gingerich, *Album of Science: The Physical Sciences in the Twentieth Century*, 201쪽(맨 위)과 194쪽(가운데). Martin Campbell-Kelly and William Aspray, *Computer: A History of the Information Machine*(맨 아래).

63 Martin Campbell-Kelly and William Aspray, *Computer: A History of the Information Machine*.

65 Owen Gingerich, *Album of Science: The Physical Sciences in the Twentieth Century*, 203쪽.

67 Kent C. Redmond and Thomas M. Smith, *From whirlwind to MITRE*.

68 Paul E. Edwards, *The Closed World: Computers and the Politics of Discourse in Cold War America*, 105쪽.

72 http://en.wikipedia.org/wiki/Image:IBM1130CopyCard.agr.jpg

73 Martin Campbell-Kelly and William Aspray, *Computer: A History of the Information Machine*.

75 Steven Lubar, *Infoculture*, 338쪽.

76 Martin Campbell-Kelly and William Aspray, *Computer: A History of the Information Machine*.

79, 80 Paul Freiberger & Michael Swaine, *Fire in the Valley*.

81 Steven Lubar, *Infoculture*, 340쪽.

87 http://personalpages.manchester.ac.uk/staff/m.dodge/cybergeography/atlas/baran_nets_large.gif

88 http://personalpages.manchester.ac.uk/staff/m.dodge/cybergeography/atlas/arpanet2.gif

90 http://personalpages.manchester.ac.uk/staff/m.dodge/cybergeography/ atlas/arpanet4.gif(위), http://personalpages.manchester.ac.uk/staff/ m.dodge/cybergeography/atlas/world_usenet_1986_large.gif(아래).

92 http://info.cern.ch/images/screensnap2_24c.gif

93 http://docs.rinet.ru/uHTML/f2-9.gif

98 http://www.nasa.gov/images/content/199888main_rs_image_feature_781_ 946x710.jpg

100 Owen Gingerich, *Album of Science: The Physical Sciences in the Twentieth Century*, 221쪽.

101, 102 Walter A. McDougall, . . . *The Heavens and the Earth*.

103 Walter A. McDougall, . . . *The Heavens and the Earth*, 144쪽.

105 http://history.nasa.gov/SP-4205/images/c350e.jpg

111 Edmund Russell, *War and Nature*, 48쪽.

112 Edmund Russell, *War and Nature*, 133쪽.

115 Edmund Russell, *War and Nature*, 191쪽과 169쪽.

117, 119 Linda Lear, *Rachel Carson: Witness for Nature*.

120 Esmund Russell, *War and Nature*, 224쪽(왼편)과 Linda Lear, *Rachel Carson: Witness for Nature*(오른편).

125, 130, 132 http://www.esrl.noaa.gov/csd/assessments/2006/chapters/ twentyquestions.pdf

137 http://www.aip.org/history/climate/xArrhenius.htm

140 http://www.aip.org/history/climate/xSuess.htm(위), http://www.aip.org/ history/climate/xRevelle.htm(아래).

141 http://www.aip.org/history/climate/xDKeeling.htm

142 http://www.aip.org/history/climate/xKeeling60.htm와 http://www.aip.org/ history/climate/co2.htm#maunaloa

144 http://scitation.aip.org/journals/doc/PHTOAD-ft/vol_56/iss_8/30_1.shtml

147 http://www.aip.org/history/climate/20ctrend.htm#hockey

163 Merriley Borell, *Album of Science: The Biological Sciences in the Twentieth*

　　　　Century, 172쪽(위)과 속표지(아래).

166, 169　Eric Grace, *Biotechnology Unzipped*.

170　Jon Turney, *Frankenstein's Footsteps*.

178　Owen Gingerich, *Album of Science: The Physical Sciences in the Twentieth Century*, 53쪽.

179　Owen Gingerich, *Album of Science: The Physical Sciences in the Twentieth Century*, 52쪽.

181　Owen Gingerich ed., *Astrophysics and twentieth-century astronomy to 1950*, 144쪽(왼편 위). Owen Gingerich, *Album of Science: The Physical Sciences in the Twentieth Century*, 48쪽(오른편)과 69쪽(왼편 아래).

183　Owen Gingerich ed., *Astrophysics and twentieth-century astronomy to 1950*, 148쪽(왼편 위)과 149쪽(왼편 아래). Owen Gingerich, *Album of Science: The Physical Sciences in the Twentieth Century*, 55쪽(오른편).

185　Owen Gingerich, *Album of Science: The Physical Sciences in the Twentieth Century*, 208쪽.

187　Owen Gingerich, *Album of Science: The Physical Sciences in the Twentieth Century*, 255쪽.

189　http://spaceflight.nasa.gov/gallery/images/shuttle/sts-82/html/s82e5937.html

192, 193, 195, 196, 198, 200, 201, 202, 204　USGS This Dynamic Earth online edition http://pubs.usgs.gov/gip/dynamic/dynamic.html

210　Londa Schiebinger, *The Mind Has No Sex?*

211　Mordechai Feingold, *The Newtonian Moment*.

212　Londa Schiebinger, *The Mind Has No Sex?*

220　*Science and Engineering Indicators 2004*.

225　http://commons.wikimedia.org/wiki/Image:Castle_Bravo_Blast.jpg

227　http://en.wikipedia.org/wiki/Image:Challenger_explosion.jpg

찾아보기

ㄱ

가가린, 유리 Yurii Alekseevich Gagarin 102, 104
가모프, 조지 George Gamow 186
가압경수로 47, 51, 54, 55
갈릴레오 상대성 30
감시기술 225
거대과학 21, 22, 26, 29, 161, 177, 189
거품상자 25
고더드, 로버트 Robert Goddard 97, 98
고등연구계획청 ARPA 86
고분자 164
고에너지물리학 22, 25, 26, 161
고지자기학 199, 205
과학기술의 민주화 228, 229
과학상점 230
과학연구개발국 19
과학자의 사회적 책임 29, 230
교토 의정서 147
국가연구위원회 19, 110
국립과학원 19, 126, 209

국립과학재단 20
국립보건원 20, 169
국방연구위원회 19
국제우주정거장 106
국제지구물리관측년 141
굴절망원경 178, 179
그로브스, 레슬리 Leslie Groves 37
그린 뱅크 망원경 185
글로소프테리스 196
급격한 기후변화 144
기름 먹는 박테리아 171
기술사고 226~228
기술시민권 229
기후변화에 관한 정부간 위원회 IPCC 145

ㄴ

나노기술 227, 231
남성의 정자 수 감소 155
내분비 저해 가설 149, 151, 154~159
내분비계 교란물질 133, 149, 159
냅스터 95

냉전 19, 26, 27, 43, 45, 48, 82, 97, 101, 102, 138, 143, 191, 202, 203, 205, 219
넬슨, 테드 Ted Nelson 79, 92
넷스케이프 93, 94
노벨상 18, 32, 37, 43, 114, 132, 165, 209, 211, 213
노이만, 존 폰 John von Neumann 62, 63
노이스, 로버트 Robert Noyce 69
노틸러스 호 47
뉴스그룹 89

ㄷ

단말기 72, 73
대륙간 탄도미사일 67, 101
대륙이동설 192, 194, 197, 202
대륙판 → 판구조론
대중 논쟁 167, 224
대형 컴퓨터 57, 64, 71~75, 78, 82, 87, 91
델브뤼크, 막스 Max Delbrück 164
독가스 18, 110, 111
동물장기 이식 172
듀퐁 18, 124, 130
디지털 컴퓨터 19, 57, 62~65, 71, 82, 140, 225

ㄹ

라베츠, 제롬 Jerome Ravetz 227
러더퍼드, 어니스트 Ernest Rutherford 31
러브록, 제임스 James Lovelock 124
러셀-아인슈타인 성명 42
레버, 그로트 Grote Reber 184
레벨, 로저 Roger Revelle 140
레이더 67, 191
로버츠, 래리 Larry Roberts 87
로켓 19, 97~102
로트블랫, 조지프 Joseph Rotblat 43
록펠러 재단 182
롤런드, F. 셔우드 F. Sherwood Rawland 125
루카스 항공의 협동계획 230
리우 지구정상회의 146
리코버, 하이먼 Hyman Rickover 46
릭라이더, J. C. R. J. C. R. Licklider 87

ㅁ

마이어스, 존 피터슨 John Peterson Myers 157
마이크로 컴퓨터 57
마이크로소프트 81, 86, 94
마이크로소프트 반독점 소송 94
마이크로프로세서 75, 76, 78
마이트너, 리제 Lise Meitner 32, 33, 211
말라리아 112, 114, 121
매카시, 존 John McCarthy 73
매카시즘 204
매켄지, 댄 Dan McKenzie 201
매클린턱, 바버라 Barbara McClintock 211
맥러클런, 존 John McLachlan 152
맥마흔 법안 45
맨해튼 계획 29, 39, 41~45, 46, 66, 104

머큐리 계획 103
멀러, 허먼 Hermann Muller 162
메리안, 마리아 Maria Merian 209
메소사우루스 195
멘델, 그레고르 Gregor Mendel 162
모건, 제이슨 Jason Morgan 201
모건, 토머스 헌트 Thomas Hunt Morgan 162
모드 보고서 36
모자이크(웹브라우저) 93
모클리, 존 John Mauchly 60, 63
몬샌토 118
몬트리올 의정서 131, 132
몰리나, 마리오 Mario Molina 125
무어, 고든 Gorden Moore 57
무어의 법칙 57
뮐러, 파울 Paul Müller 112, 114
미국과학자연맹 42
미국물리학회 15
미나마타병 123
미니 컴퓨터 57
미분해석기 59
미즐리, 토머스 Thomas Midgley 123

ㅂ

바시, 라우라 Laura Bassi 209
박테리아 164, 167, 168, 171
박테리오파지 164, 167, 168
반사망원경 177, 179, 180, 182, 185, 188
반자동 방공망 시스템 SAGE 64, 66, 69
발진티푸스 113, 114
방사능 낙진 118, 141

배런, 폴 Paul Baran 88
버그, 폴 Paul Berg 168
버너스리, 팀 Tim Berners-Lee 91~93
베게너, 알프레트 Alfred Wegener 192, 194~197, 202
베른, 쥘 Jules Verne 47, 97
베이돌 법 171
벨 연구소 18, 69, 71, 184
보스토크 1호 104
보이어, 허버트 Herbert Boyer 168, 171
보팔 참사 226
복제 Cloning 167, 173~175
복제양 돌리 173~175
본, 다이앤 Diane Vaughan 227
부분적핵실험금지조약 43, 203
부시, 바네바 Vannevar Bush 59
분산 네트워크 88
분자 농장 174
브라우저 전쟁 94
브라운, 베르너 폰 Wernher von Braun 99, 100
빅뱅우주론 187, 188
빙켈만, 마리아 Maria Winkelmann 209
빙하기 137, 138, 143

ㅅ

사실상의 표준 52, 81
사전예방원칙 159
사회적으로 유용한 생산 231
산업연구소 14, 18, 221
살, 프레드릭 폼 Frederick vom Saal 157, 158

상대성이론 30, 161
상업화 170, 171, 219, 222, 223, 228
생물증폭 153
샤가프, 어윈 Erwin Chargaff 164
샤틀레, 에밀리 뒤 Émilie du Châtelet 209
섀플리, 할로 Harlow Shapley 180
서프, 빈튼 Vinton Cerf 91
성층권 125, 127, 128, 130, 132
세베소 사고 226
재조합 소 성장 호르몬 171
소비자 네트워크 85, 93
수소폭탄 41, 42, 60, 101, 102, 141, 224
수에스, 한스 Hans Suess 140
슈트라스만, 프리츠 Fritz Strassmann 33
슈페만, 한스 Hans Spemann 173
스나이더펠레그리니, 안토니오 Antonio Snider-Pellegrini 194
스리마일 섬 원자력발전소 사고 54, 226
스모그 123, 143
스미스, 해밀턴 Hamilton Smith 168
스카케벡, 닐스 Niels Skakkebaek 154
스푸트니크 97, 101, 102
시류영합 시장 53, 54
시민 배심원 229
시분할방식 71~75
시핑포트 원자력발전소 48, 51, 54
신 노릇 170
실라드, 레오 Leo Szilard 34, 35
실시간 컴퓨팅 66, 82

ㅇ

아날로그 컴퓨터 59, 60, 65
아레니우스, 스반테 Svante Arrhenius 137~140
아레시보 망원경 186
아르버, 베르너 Werner Arber 168
아르파넷 87~89
아마존닷컴 95
아메리카 온라인 AOL 86
아실로마 회의 169
아인슈타인, 알베르트 Albert Einstein 30, 31, 34, 42
아파치(서버 프로그램) 93
아폴로 11호 104~106
아폴로 계획 22, 104~106
안드리센, 마크 Marc Andreessen 93
알테어 8800 77, 78, 80
애플 컴퓨터 79~81
야생동물의 번식 이상 153~155
야후! 95
에니악 58, 60, 62, 65, 66
에스트로겐(여성호르몬) 151, 155
에이버리, 오즈월드 Oswald Avery 164
에커트, J. 프레스퍼 J. Presper Eckert 60, 63
여성과학자 207~210, 213~217
여키스 천문대 179
연구 부정행위 223
연구진실성관리국 223
연쇄반응 32, 34, 35, 37, 55
영국 왕립학회 209
오베르트, 헤르만 Hermann Oberth 97, 98
오존 구멍 129
오존층 126

오존층 파괴 123, 125, 127~129, 131~133, 225
오펜하이머, 로버트 Robert Oppenheimer 37, 42
온실기체 135, 137, 147
온실효과 139, 141, 144, 145
와이즈 프로그램 217
완성품 인도 방식 53
왓슨, 제임스 James Watson 162, 164, 165
우주개발 경쟁 97, 100
우주여행협회 99
우주왕복선 106, 188, 226, 227
워즈니악, 스티븐 Stephen Wozniak 79~81
원자(폭)탄 36, 39, 41, 45, 48, 54, 66, 104
원자력발전소 53
원자력위원회 AEC 45, 46, 49~52
원자로 32, 37, 41, 45~47, 49~55
월드와이드웹 90, 93, 94
웨스팅하우스 53
웰스, H. G. Herbert George Wells 97
웹브라우저 93, 94
윌머트, 이언 Ian Wilmut 173, 174
윌슨, 로버트 Robert Wilson 186
윌슨산 천문대 179, 180, 188
윙스프레드 선언문 158
윙스프레드 회의 158
유니박 63
유럽입자물리연구소 91
유리 천장 215, 217
유전자 162, 164, 167, 168, 171, 172, 174, 221

유전자변형 작물 → GM식품
유전자치료 172
유즈넷 89
이메일 89, 91
이베이 95
인간 배아복제 175
인간게놈프로젝트 221
인간 개체복제 175
인공 원소변환 32
인터넷 85, 86, 91~95
인터넷 격차 95
인터넷 익스플로러 94
인텔 57, 75~77, 81
입자가속기 22, 24~26, 161

ㅈ

자궁 내 위치 효과 157
자기 띠무늬 199, 201
자기코어 기억장치 65~67
잡스, 스티브 Steve Jobs 79~81
잰스키, 칼 Karl Jansky 184
적색이동 180
적외선 추적장치 140
전자상거래 95
전지구적 환경문제 123, 127, 133
전파망원경 182, 185~188
전파천문학 182, 184, 185
정상사고 226
정상우주론 186
제1차 세계대전 18, 19, 110, 111, 198
제2차 세계대전 19~21, 24, 29, 35, 41, 42, 45, 46, 54, 57, 58, 60, 63, 71, 82,

98~101, 109~112, 114, 123, 140, 150, 161, 182, 184, 191, 199, 203, 204, 219, 224, 226
제너럴 일렉트릭 18, 171
제넨텍 171
제임스 웹 우주망원경 189
제한효소 168
졸리오퀴리, 이렌 Iréne Joliot-Curie 32, 33
졸리오퀴리, 프레데리크 Frédéric Joliot-Curie 34
줄기세포 175
쥐스, 에두아르트 Eduard Suess 192
지각평형설 197
지구온난화 133, 135, 138, 141, 143~147, 225, 227
집적회로 57, 69

ㅊ

차크라바르티, 아난다 Ananda Chakrabarty 171
참여설계 229, 230
채드윅, 제임스 James Chadwick 32
채용할당제 217
챌린저 호 사고 227
천체물리학 18, 178
체르노빌 원자력발전소 사고 226
체이스, 마사 Martha Chase 164
초전도 슈퍼콜라이더 25
측지학 203
치올코프스키, 콘스탄틴 Konstantin Tsiolkovski 97

ㅋ

카네기 재단 179
카슨, 레이첼 Rachel Carson 116, 119, 123, 143, 149, 159, 224
캐번디시, 마거릿 Margaret Cavendish 209
캘린더, 가이 스튜어트 Guy Stewart Callendar 139
컴퓨서브 85, 86, 93
컴퓨터 애호가 78~80, 82, 85
컴퓨터 해방 78~80, 83
케임브리지실험심사위원회 170
코롤료프, 세르게이 Sergei Korolyov 101
코헨, 스탠리 Stanley Cohen 168
콜본, 테오 Theo Colborn 149, 151, 155~159
쿠키 파일 95
크릭, 프랜시스 Francis Crick 162~165
킬링 커브 141, 142
킬링, 찰스 Charles Keeling 141, 142
킬비, 잭 Jack Kilby 69

ㅌ

탈정상과학 227, 228
테바트론 23~25
텔러, 에드워드 Edward Teller 42
톰슨, 윌리엄 William Thomson 192
트랜지스터 18, 57, 69
트리니티 실험 38, 39
틴들, 존 John Tyndall 136, 137

ㅍ

파지 그룹 164
판게아 193, 194
판구조론 191, 197, 201, 202, 205
패킷 교환 88
팽창하는 우주 182, 186, 188
퍼그워시 회의 43
퍼스널 컴퓨터 57, 69, 71, 82
펀토위츠, 실비오 Silvio Funtowicz 228
페니실린 19
페로, 찰스 Charles Perrow 226, 227
페르미, 엔리코 Enrico Fermi 32
펜지아스, 아노 Arno Penzias 186, 187
평화를 위한 원자 48~50
포리스터, 제이 Jay Forrester 64, 65
포장시험 172
폴링, 라이너스 Linus Pauling 43, 164
푸리에, 조제프 Joseph Fourier 135, 136
프랑스 과학아카데미 209
프랑크, 제임스 James Franck 39
프랭클린, 로절린드 Rosalind Franklin 165
프레온 → CFCs
프로그램 내장형 컴퓨터 62
프로토콜 91
플라스미드 168, 169
플래스, 길버트 Gilbert Plass 140
플루토늄 34, 36, 37, 41, 45

ㅎ

하버, 프리츠 Fritz Haber 18
하이퍼텍스트 91, 92
한, 오토 Otto Hahn 32, 33
한국전쟁 42, 102
합성살충제 109, 112, 114, 115, 117, 120, 123, 143, 224
합의회의 229
항공우주국 NASA 20, 103
해군연구국 20, 65, 66
해저 산맥 198~201
해저확장설 199
핵분열 32, 34~37, 42, 55, 211
핵잠수함 45~48, 54
핵항공모함 48, 54
허블 우주망원경 22, 188, 189
허블, 에드윈 Edwin Hubble 180, 183, 186, 187
허셜, 캐럴라인 Caroline Herschel 209
허시, 앨프리드 Alfred Hershey 164
헤스, 해리 Harry Hess 199
헤일 망원경 182
헤일, 조지 George Hale 19, 178, 179, 182
호르몬 149, 150, 151
호일, 프레드 Fred Hoyle 186
호프, 테드 Ted Hoff 76
홈브루 컴퓨터 클럽 78, 80
화학전 부대 110, 111
환경보호청 121
환경운동 119, 120, 135, 156, 225
환경호르몬 → 내분비계 교란물질
황우석 사태 175, 223
후커 망원경 180
휠윈드 64~68

기타

3K 배경 복사 187
CFCs 124~133, 137
DDT(디클로로디페닐트리클로로에탄) 19, 109, 112~117, 120, 121, 152
DDT의 사용 금지 121
DES(디에틸스틸베스트롤) 151, 152, 155
DNA 22, 150, 162, 163, 165
DNA 이중나선 구조 161~169, 221
DNA 재조합 기법 161, 167~171, 173, 225
GM식품 171, 172, 225, 227, 229
IBM 52, 57, 63, 64, 67, 68, 71, 72, 78, 81~83
MS-DOS 81
MSN 86, 94
PC 통신 → 소비자 네트워크
PDP-8 74, 75
R-7 로켓 101, 102
RNA(리보핵산) 165, 168
TCP/IP 91
UC 버클리-노바티스 계약 222
V-2 로켓 98~101
W. 앨튼 존스 재단 157, 158
『네이처 Nature』 21, 125, 162, 163, 168, 174
『대륙과 대양의 기원 Die Entstehung der Kontinente und Ozeane』 192, 195
『도둑 맞은 미래 Our Stolen Future』 158
『우리를 둘러싼 바다 The Sea Around Us』 117
『원자과학자회보 Bulletin of Atomic Scientists』 42
『침묵의 봄 Silent Spring』 109, 117, 118, 120, 123, 143, 149, 153, 158, 224

야누스의 과학

2008년 11월 28일 1판 1쇄
2018년 4월 20일 1판 8쇄

지은이 | 김명진

편집 | 조건형·진승우
표지디자인 | 디자인봄
본문디자인 | 백창훈
제작 | 박흥기
마케팅 | 이병규·양현범·이장열

출력 | 블루엔
인쇄 | 천일문화사
제책 | J&D바인텍

펴낸이 | 강맑실
펴낸곳 | (주)사계절출판사
등록 | 제406-2003-034호
주소 | (우)10881 경기도 파주시 회동길 252
전화 | 031) 955-8588, 8558
전송 | 마케팅부 031) 955-8595 편집부 031) 955-8596
홈페이지 | www.sakyejul.co.kr **전자우편** | skj@sakyejul.co.kr
페이스북 | www.facebook.com/sakyejul
블로그 | skjmail.blog.me **트위터** | twitter.com/sakyejul

ⓒ 김명진, 2008

값은 뒤표지에 적혀 있습니다.
잘못 만든 책은 구입하신 서점에서 바꾸어 드립니다.

사계절출판사는 성장의 의미를 생각합니다.
사계절출판사는 독자 여러분의 의견에 늘 귀 기울이고 있습니다.

이 책은 저작권법에 따라 보호받는 저작물이므로 무단전재와 무단복제를 금합니다.

ISBN 978-89-5828-325-6 03400

이 도서의 국립중앙도서관 출판시도서목록(CIP)은
e-CIP 홈페이지(http://www.nl.go.kr/cip.php)에서 이용하실 수 있습니다.
(CIP제어번호: CIP2008003321)